计算机应用基础上机实验

（Windows 7 + Office 2010）

（第 2 版）

主　编　黄玉春
副主编　邢帮武　王雪峰　苗燕春

图书在版编目(CIP)数据

计算机应用基础上机实验:Windows 7＋Office 2010/黄玉春主编.—2版.—合肥:安徽大学出版社,2016.9(2023.7重印)
高等学校规划教材
ISBN 978-7-5664-0986-7

Ⅰ.①计… Ⅱ.①黄… Ⅲ.①Windows操作系统－高等学校－教材②办公自动化－应用软件－高等学校－教材 Ⅳ.①TP316.7②TP317.1

中国版本图书馆CIP数据核字(2016)第235634号

计算机应用基础上机实验(Windows 7＋Office 2010)(第2版)　　黄玉春　主编

出版发行:	北京师范大学出版集团 安 徽 大 学 出 版 社 (安徽省合肥市肥西路3号 邮编230039) www.bnupg.com www.ahupress.com.cn
印　　刷:	安徽昶颉包装印务有限责任公司
经　　销:	全国新华书店
开　　本:	787 mm×1092 mm　1/16
印　　张:	9.5
字　　数:	232千字
版　　次:	2016年9月第2版
印　　次:	2023年7月第8次印刷
定　　价:	21.80元

ISBN 978-7-5664-0986-7

策划编辑:李　梅　蒋　芳　　　　　　　　　装帧设计:李　军
责任编辑:蒋　芳　　　　　　　　　　　　　美术编辑:李　军
责任印制:李　军

版权所有　侵权必究

反盗版、侵权举报电话:0551—65106311
外埠邮购电话:0551—65107716
本书如有印装质量问题,请与印制管理部联系调换。
印制管理部电话:0551—65106311

前 言

本书是2015年安徽大学出版社出版的《计算机应用基础(Windows 7＋Office 2010)》(第2版)的配套实验教材。本书紧密结合高等职业教育培养应用型人才目标的要求,针对目前我国高职、高专教育的特点和高职类基础知识课程改革热点而编写。这是一本能明确针对学生特点,分析工作实际过程,并能为后续课程打下牢固基础的计算机基础教材,它响应国家高职高专教育文件精神,符合高职高专教育特色,体现高职高专教育水平,最终达到实用型人才培养的目标要求。

本书基于Windows 7操作系统及Office 2010编写,强调知识性与实用性,共6个单元,主要内容包括:计算机基础知识、Windows 7的操作、Word 2010的使用、Excel 2010的使用、PowerPoint 2010的使用以及Internet应用等。

本书的教学目标是使读者掌握一定的计算机实践操作能力。因此,在内容的安排上以培养基本应用技能为主线,通过大量的实际案例及丰富的图解说明,介绍计算机应用的基本操作。每个实验都设计了合理的实验目的、实验任务、实验内容和步骤等,部分实验还安排了进一步提高的内容以帮助读者掌握更高层次的操作技能。本书取材内容丰富,语言简练,通俗易懂。

本书可作为高职高专《计算机应用基础(Windows 7＋Office 2010)》的配套用书,也可单独作为一般计算机操作人员的培训教材。

本书由安徽工业职业技术学院的黄玉春、邢帮武、王雪峰、苗燕春编写。其中,第一单元由邢帮武、苗燕春编写,第二单元由黄玉春编写,第三单元由邢帮武编写,第四单元由苗燕春编写,第五、六单元由王雪峰编写。全书由黄玉春负责统稿。

为了方便教师教学,本书配有电子教学素材,请有此需要的教师与安徽大学出版社联系,也可直接与作者联系(QQ:51822207)。

由于编者水平有限和时间仓促,书中难免存在疏漏和不足。希望同行专家和读者能给予批评和指正。

编 者

2016年7月

目 录

单元 1　计算机基础知识　1

实验 1　熟悉计算机组成部分　1
　　实验目的　1
　　实验任务　1
　　实验内容与步骤　1
　　进一步提高　3
实验 2　熟悉键盘和鼠标及指法练习　5
　　实验目的　5
　　实验任务　6
　　实验内容与步骤　6
习题 1　14

单元 2　Windows 7 的操作　25

实验 1　管理计算机资源　25
　　实验目的　25
　　实验任务　25
　　实验内容与步骤　25
实验 2　定制计算机工作环境　34
　　实验目的　34
　　实验任务　35
　　实验内容与步骤　35
习题 2　43

单元 3　Word 2010 文字处理　48

实验 1　编辑文档　48
　　实验目的　48

　　　　　实验任务 ·· 48
　　　　　实验内容与步骤 ·· 48
　　　　　进一步提高 ·· 54
　　实验 2　编辑表格 ·· 54
　　　　　实验目的 ·· 54
　　　　　实验任务 ·· 55
　　　　　实验内容与步骤 ·· 55
　　　　　进一步提高 ·· 58
　　实验 3　长文档的编辑 ··· 59
　　　　　实验目的 ·· 59
　　　　　实验任务 ·· 59
　　　　　实验内容与步骤 ·· 60
　　　　　进一步提高 ·· 63
　　实验 4　邮件合并及打印 ··· 65
　　　　　实验目的 ·· 65
　　　　　实验任务 ·· 66
　　　　　实验内容与步骤 ·· 66
　　　　　进一步提高 ·· 68
　　习题 3 ·· 69

单元 4　Excel 2010 的操作　　　　　　　　　　　　　　　　73

　　实验 1　Excel 2010 的基本操作 ·· 73
　　　　　实验目的 ·· 73
　　　　　实验任务 ·· 73
　　　　　实验内容与步骤 ·· 73
　　实验 2　编辑数据表 ·· 82
　　　　　实验目的 ·· 82
　　　　　实验任务 ·· 82
　　　　　实验内容与步骤 ·· 83
　　实验 3　Excel 2010 数据管理 ·· 89
　　　　　实验目的 ·· 89
　　　　　实验任务 ·· 89
　　　　　实验内容与步骤 ·· 89
　　实验 4　使用图表分析表格数据 ·· 96
　　　　　实验目的 ·· 96
　　　　　实验任务 ·· 96
　　　　　实验内容与步骤 ·· 96
　　习题 4 ·· 101

单元 5 PowerPoint 2010 的使用　　　　　　　　　　　　　　105

实验 1　PowerPoint 2010 的基本操作 ………………………………… 105
　　实验目的 ………………………………………………………………… 105
　　实验任务 ………………………………………………………………… 105
　　实验内容与步骤 ………………………………………………………… 105
　　进一步提高 ……………………………………………………………… 117

实验 2　幻灯片的动画设置、放映 ……………………………………… 117
　　实验目的 ………………………………………………………………… 117
　　实验任务 ………………………………………………………………… 117
　　实验内容与步骤 ………………………………………………………… 117
　　进一步提高 ……………………………………………………………… 123

习题 5 ……………………………………………………………………… 125

单元 6 Internet 应用　　　　　　　　　　　　　　　　　　　　　127

实验 1　IE 浏览器的使用 ………………………………………………… 127
　　实验目的 ………………………………………………………………… 127
　　实验任务 ………………………………………………………………… 127
　　实验内容与步骤 ………………………………………………………… 127
　　进一步提高 ……………………………………………………………… 134

实验 2　收发电子邮件 …………………………………………………… 136
　　实验目的 ………………………………………………………………… 136
　　实验任务 ………………………………………………………………… 136
　　实验内容与步骤 ………………………………………………………… 137

习题 6 ……………………………………………………………………… 141

单元 1 计算机基础知识

实验 1 熟悉计算机组成部分

实验目的

1. 了解计算机的基本知识。
2. 了解计算机的基本构成。
3. 掌握计算机的开关方法。

实验任务

1. 了解计算机的组成。
2. 了解主机箱的结构。
3. 掌握计算机的开机和关机方法。

实验内容与步骤

1. 熟悉计算机的构成

(1)计算机一般由主机、显示器、键盘、鼠标等组成,如图 1-1 所示。在教师的指导下,结合实物,认识各组成部件。

图 1-1 计算机的组成

(2)学习主机面板上各按钮的作用,特别是主机和显示器上的电源开关位置。

(3)了解实验所用微机的品牌和档次。

说明 计算机的组成设备还有打印机、扫描仪、音箱等。

2. 了解主机箱的结构

(1)在组成计算机的各部件中,主机箱是最重要的一个部件,显示器、键盘、鼠标等所有设备均要与其连接。查看实验所用的微机设备连接情况。

(2)主板、电源、硬盘、光驱以及相关的一些板、卡等都被安放在主机箱里面,如图1-2所示。教师演示打开主机箱,介绍各组成部件作用、连接情况。

图1-2 主机箱内部结构

(3)主机箱后面板的插头和接口用来连接计算机的各个组成部件,如图1-3所示。在教师指导下了解各个插头和接口的作用。

图1-3 主机箱的后面板

说明 机箱除了给计算机系统建立一个外观形象之外,还为计算机系统的其他配件提供安装支架。另外,它还可以减轻机箱内向外辐射的电磁污染,保护用户的健康和其他设备的正常使用。机箱按照放置方式可以分为立式机箱和卧式机箱两种。

3. 计算机的开机

操作步骤:

(1)打开电源插座的开关,指示灯指示能够正常供电。

(2)打开其他外部设备电源开关,如音响、打印机、扫描仪等,指示灯指示能够正常供电。

(3)打开显示器的电源开关(在显示器面板上,符号一般为 的按钮),显示器电源指示灯变亮,表明显示器已经打开。

说明 如果显示器电源线插在主机的电源上,则要等主机开机后,显示器的电源指示灯才会变亮。

(4)打开主机开关后,计算机先进行自检,判断是否有故障,在显示器上显示自检结果。

(5)计算机在没有故障的情况下,启动操作系统,只有安装了操作系统的计算机,才能正常使用。

4. 计算机的关机

操作步骤:

(1)单击任务栏上的"开始"菜单按钮 (或按"Ctrl+Esc"快捷键),在弹出的"开始"菜单中单击"关机"按钮 。

(2)单击"关机"按钮右侧的箭头符号 ,弹出一个菜单,如图 1-4 所示。

在弹出的菜单中,可以选择"切换用户"、"注销"、"锁定"、"重新启动"或"睡眠"等命令,实现相应的操作。

图 1-4 关机选项菜单

说明 如果计算机死机,不能正常关机,或不能正常关闭打开的程序,可以采用以下处理方法:按下"Ctrl+Alt+Del"键,结束程序任务;按住计算机开机按钮 5 秒以上,强制关机。但尽量不要强制关机,严重时有可能会损坏硬盘,建议出现不能正常关机需要强制关机后立即对计算机系统进行维护或重装系统。

进一步提高

1. 计算机的基本工作原理

(1)在硬件系统实现数学运算和逻辑运算的基础上,通过软件程序的控制,实现各种复杂的运算和控制功能。

典型的计算机硬件系统由运算器、存储器、控制器、输入系统、输出系统等五大部件组成,称为冯·诺依曼体系结构。这类结构的计算机以存储程序方式工作,即在控制器的控制下,计算机的各个部件根据预先编制的程序自动连续地工作。结构如图 1-5 所示。

图 1-5 冯·诺依曼体系结构计算机系统示意图

(2)冯·诺依曼体系结构计算机工作过程如下:程序和数据通过输入设备输入后存放在

存储器里;计算机启动后,控制器从存储器中取出程序中的指令对各部件实施控制,取出数据送到运算器或其他部件进行处理;最后运算结果数据存入存储器或通过输出设备送给用户。

(3)冯·诺依曼体系结构计算机特点如下:计算机由运算器、存储器、控制器、输入系统、输出系统等五大部件组成;采用二进制的表示形式表示数据和程序;采用存储程序方式,即解决问题前编制好程序和需要的数据存放在主存储器中。解决问题时,控制器按编制好的、存入存储器的程序自动连续地从存储器取出指令并执行,直到获得所要的结果,这是冯·诺依曼体系结构计算机思想的核心,也是计算机高速自动运行的基础。

(4)用算盘、纸和笔计算题目 y=ax+b−c。纸用于记录解题的原始信息,算盘用于对数据进行加、减、乘、除等运算,笔用于把原始数据、解题步骤和运算结果记录到纸上,计算题目的人用于控制解题步骤。在计算机中,运算器相当于算盘,存储器相当于纸,具有"记忆"功能,输入设备和输出设备相当于笔,把原始解题信息送到计算机或把运算结果显示出来,控制器相当于计算题目的人的大脑,能够自动控制整个计算过程,如表 1-1 所示。

表 1-1 解题步骤和数据记录

行 数	解题步骤和数据	说 明
1	取数(8 行)→算盘	"(8 行)"表示第 8 行的数 a,下同
2	取数(11 行)→算盘	完成 a*x,结果在算盘上
3	取数(9 行)→算盘	完成 a*x+b,结果在算盘上
4	取数(10 行)→算盘	完成 a*x+b−c,结果在算盘上
5	存数 y→(12 行)	算盘上的 y 值记到第 12 行
6	输出	计算题目的人可以看到算盘上的结果
7	停止	运算完毕
8	a	数据
9	b	数据
10	c	数据
11	x	数据
12	y	数据

说明 表中的"行数"类似于存储器中的存储单元,一些单元用来存放数据,如 8~12 行,一些单元用来存放指令,如 1~7 行。

2. 计算机系统的多级层次结构

(1)通过计算机不同用户所看到的机器之间的有机关系,可以将计算机系统分为多级结构,如图 1-6 所示。

(2)第一级是微程序机器层,是实际的硬件机器层,由机器硬件直接执行微指令;第二级是机器语言层,是实际的硬件机器层,由微程序解释机器指令系统;第三级是操作系统层,由操作系统程序实现;第四级是汇编语言层,由汇编程序支持和执行;第五级是高级语言层,高级语言面向用户,该层由各种高级语言编译程序支持和执行;第六级是应用语言层,直接面向某个应用领域。

图1-6 计算机系统的多级层次结构

从层次结构中可以看出,第五、六层面向用户,为解决某个应用领域问题而看到的计算机系统界面;第三、四层是面向机器的,其中操作系统层是系统软件,它提供基本的计算机操作界面,给应用软件以支持;第一、二层是硬件机器,是计算机系统的基础和核心,所有功能最终由硬件完成。

硬件机器层之上的各层,是由各类软件构成的虚拟机,应用程序在虚拟机上运行,通过系统软件对硬件加以控制,有了多层次结构的概念,用户使用的是虚拟机,可以不必了解计算机本身是如何工作的,而只要关心如何利用计算机完成所需的工作,计算机硬件功能设计只是计算机硬件设计人员的任务。

实验2 熟悉键盘和鼠标及指法练习

实验目的

1. 熟悉键盘的布局和位置。
2. 掌握键盘的使用及正确的击键方法。
3. 掌握标准指法练习,提高键盘录入速度。
4. 掌握一种录入方法,并能熟练使用。

实验任务

1. 熟悉键盘操作的正确姿势。
2. 了解键盘的分布和常用按键的功能。
3. 学习键盘的指法，注意击键要领。
4. 掌握中英文输入法以及不同中文输入法之间的切换。
5. 学习并掌握一种录入技巧。

实验内容与步骤

1. 打字姿势

打字时应养成正确的姿势。正确的打字姿势不仅能提高输入速度，减缓操作者长时间工作带来的疲劳，而且能够提高工作效率。

（1）身体保持端正，两脚平放。

（2）两臂自然下垂，两肘贴于腋边。肘关节呈垂直弯曲，手腕平直，身体与打字桌的距离为20～30厘米。击键的速度主要取决于手腕，所以手腕要下垂不可弓起。

（3）打字文稿放在键盘的左边，或用专用夹夹在显示器旁边。打字时眼观文稿，身体不要跟着倾斜，开始时一定不要养成看键盘输入的习惯，视线应专注于文稿和屏幕。

（4）在击键时点到为止，不要用力太大，弹击键码后手指迅速退回原位。击键要均匀有节奏。

2. 键盘指法

打字时，主键盘区的每一个键位都由一个手指负责击键，十指分工明确，如图1-7所示。

图1-7 指 法

（1）将左右手的食指分别置于F、J键上，大拇指自然落在空格键上，其余手指依次摆放。

（2）熟记每个手指的击键范围。每个手指除了自己的基本键外，还分工有其他的字键，称为范围键,如图 1-8 所示。

图 1-8　键盘指法图

击键时要注意以下几点:
(1)击键时用各手指的第一指腹击键。
(2)击键时应由手指发力击下,击键力量应保持均匀。
(3)左右手放在基本键上,击键后应立即归位到基本键位上。
(4)不需要同时击两个键时,若两个键分别位于左右手区,则由左右手各击相对应的键。

3. 输入法切换

单击任务栏右下角的输入法图标,会弹出输入法列表,如图 1-9 所示。单击所需要的输入法,屏幕下方会出现所选输入法的工具栏,如图 1-10 所示。单击输入法工具栏上的按钮,可以进行相应的切换,也可以通过键盘快捷键实现各按钮的快速切换。

(1)"Ctrl+Space"组合键:中英文输入法之间的切换。
(2)"Ctrl+."组合键:中文标点和英文标点的切换。
(3)"Shift+Space"组合键:全角和半角的切换。
(4)"Ctrl+Shift"组合键:在已安装的输入法之间进行循环切换。

图 1-9　输入法列表

图 1-10　输入法工具栏

4. 英文输入练习

金山打字通 2013 是金山公司推出的一款功能齐全、数据丰富、界面友好的、集打字练习和测试于一体的打字软件。

金山打字通主界面分为"新手入门"、"英文打字"、"拼音打字"、"五笔打字"四个功能入口。对于新手系统会主动提示从"新手入门"开始练习,能够引导初学用户由易而难地进行学习练习。

运行金山打字通 2013 软件,如图 1-11 所示。如果第一次登录,会弹出一个窗口提示创建昵称并与 QQ 绑定。关掉绑定可直接点击右上角的 ⊠ 即可。若一直不绑定,再选定左下角的"不再显示"即可,如图1-12所示。

图1-11 启动界面

图1-12 金山打字通2013登录界面

如果直接选择"拼音打字"或"五笔打字",就会弹出一个窗口告诉你要先去"新手入门"。对于有一定的基础并且想快点进入下一阶段练习的学生,也可以直接选择"跳过",这时就会要求先做一些过关测试题,通过测试则可以进入更高级的练习。

单击进入"新手入门"区域就可以开始练习打字,2013版特别设置了关卡模式,只有逐个地完成任务才能进入下一关。新手练习任务是从打字常识、字母、词语到最后的整篇文章,难度逐步增加,用户在完成任务的同时便可以提升自己打字水平,不会因急于求成而失去学习打字兴趣,如图1-13所示。"打字常识"由"认识键盘"、"打字姿势"、"基准键位"、"打字常识"和"打字常识过关测试"组成,如图1-14所示。

图1-13 金山打字通2013新手入门界面

图1-14 金山打字通2013打字常识界面

初学者可以从字母键位进行练习,如图 1-15 所示。

图 1-15　字母键位练习

在键位熟悉后,可以进入"英文打字"区域,则出现"自由模式"、"关卡模式"的选择界面,可以选择适合自己的练习模式。在右下角的设置中进行切换,如图 1-16 所示。

图 1-16　练习模式切换

选择好模式后,可以进行"单词练习"、"语句练习"或"文章练习",图 1-17 为文章练习。用户可以在"课程选择"里对练习文章进行选择。

图 1-17　文章练习

在首页可以点击右下角的"打字测试"按钮,进入测试页面即可针对英文、拼音、五笔分别测试,如图 1-18 所示。系统会根据用户打字速度与正确率进行打分,得分越高,阶段学习效果越好,打字水平一目了然。每次检测得分均会被记录下来,生成进步曲线,帮助初学者检验学习成果。

图 1-18　英文打字测试

5. 中文输入练习

◆ "智能 ABC"输入法的使用

操作步骤：

(1)切换到智能 ABC 输入法,出现如图 1-10 所示的智能 ABC 输入法状态工具条。

(2)用标准输入方法输入汉字。

①用全拼法输入汉字。

例如,输入"汉",输入"han"拼音,按空格键后出现同音字。在键盘上选择 5,即可得到"汉"字,如果没有要输入的字,可以通过按【＋】键或 ▼ 按钮向下翻页,或按【—】键或 ▲ 按钮向上翻页进行查找,如图 1-19 所示。

图 1-19　全拼法输入汉字

②用全拼法输入词。

例如,输入"汉字",输入"hanzi",按空格键得到所有同音的词。在键盘上选择 1,即可得到"汉字",如图 1-20 所示。

图 1-20　全拼法输入词

③用简拼法输入词。

输入声母"hz",然后选择 5,即可输入"汉字",如图 1-21 所示。

图 1-21　简拼法输入词

说明　有些字没有声母,在输入时应加分隔符"'",如输入"花儿"时,应输入"hua'er"。

④在中文输入状态下输入大写英文字母。

先按下键盘上的【Caps Lock】键,然后直接输入要输入的大写字母即可,如图 1-22 所示。

⑤输入英文单词。

在要输入的英文单词前加"V",按空格键即可,如图 1-23 所示输入"office2010"的输入方法。

图 1-22　输入大写英文字母时的输入法工具条　　　图 1-23　输入英文单词

◆ **使用金山打字通2013练习汉字输入**

操作步骤：

(1)在金山打字通2013的首页单击"拼音打字"按钮，如图1-24所示。

图1-24 拼音打字界面

开始进行音节练习，按照词语下面的提示，输入相应的拼音，如图1-25所示。

图1-25 音节练习

(2)在熟练后可以选择"词汇练习"或"文章练习"进行中文练习。如图 1-26 所示。

图 1-26　文章练习

说明　也可以通过"课程选择"下拉菜单,选择打字练习的范文。

习 题 1

一、单项选择题

1. 计算机的发展阶段通常是按计算机所采用的_____来划分的。
   A. 内存容量　　　　　B. 操作系统　　　　C. 程序设计语言　　D. 电子器件
2. 以微处理器为核心组成的微型计算机属于_____计算机。
   A. 第一代　　　　　　B. 第二代　　　　　C. 第三代　　　　　D. 第四代
3. 下列有关信息的描述正确的是_____。
   A. 只有以书本的形式才能长期保存信息
   B. 数字信号比模拟信号易受干扰而导致失真
   C. 计算机以数字化的方式对各种信息进行处理
   D. 信息的数字化技术已初步被模拟化技术所取代
4. 计算机中采用二进制,是因为_____。
   A. 硬件易于实现　　　　　　　　　　　B. 两个状态的系统具有稳定性
   C. 二进制的运算法则简单　　　　　　　D. 上述三个原因

5. 现代计算机具有的主要特征有_____。
   A. 计算精度高　　　　　　　　　B. 存储容量大
   C. 处理速度快　　　　　　　　　D. 以上三种说法都对
6. 现代数字电子计算机运行时遵循的存储程序工作原理最初是由_____提出的。
   A. 图灵　　　　B. 冯·诺依曼　　　C. 乔布斯　　　D. 布尔
7. IPHONE 手机中使用到的 A7 处理器主要应用_____技术制造。
   A. 电子管　　　　　　　　　　　B. 晶体管
   C. 集成电路　　　　　　　　　　D. 超大规模集成电路（VLSI）
8. 在电脑上看到的文字、图像和视频等信息,在计算机内部都是以_____的形式进行存储和处理的。
   A. 十进制编码　　B. 二进制编码　　C. BCD 编码　　D. ASCII 码
9. "神舟八号"飞船利用计算机进行飞行状态调整属于_____。
   A. 科学计算　　B. 数据处理　　C. 计算机辅助设计　　D. 实时控制
10. CAM 是计算机主要应用领域之一,其含义是_____。
    A. 计算机辅助制造　　　　　　　B. 计算机辅助设计
    C. 计算机辅助测试　　　　　　　D. 计算机辅助教学
11. 门禁系统的指纹识别功能所运用的计算机技术是_____。
    A. 机器翻译　　B. 自然语言理解　　C. 过程控制　　D. 模式识别
12. 淘宝网网上购物属于计算机现代应用领域中的_____。
    A. 计算机辅助系统　　B. 电子政务　　C. 电子商务　　D. 办公自动化
13. 微型计算机的发展是以_____技术为特征标志。
    A. 操作系统　　B. 微处理器　　C. 磁盘　　D. 软件
14. 按照计算机应用分类,12306 火车票网络购票系统应属于_____。
    A. 数据处理　　B. 动画设计　　C. 科学计算　　D. 实时控制
15. 第一代计算机的主要应用领域是_____。
    A. 数据处理　　　　　　　　　　B. 科学计算
    C. 实时控制　　　　　　　　　　D. 计算机辅助设计
16. 人工智能是让计算机模仿人的一部分智能。下列_____不属于人工智能领域中的应用。
    A. 机器人　　B. 银行信用卡　　C. 人机对弈　　D. 机械手
17. 按计算机应用的类型分类,余额宝属于_____。
    A. 过程控制　　B. 办公自动化　　C. 数据处理　　D. 计算机辅助设计
18. 使用计算机解决科学研究与工程计算中的数学问题属于_____。
    A. 科学计算　　B. 计算机辅助制造　　C. 过程控制　　D. 娱乐休闲
19. 使用百度在网络上搜索资料,在计算机应用领域中属于_____。
    A. 数据处理　　B. 科学计算　　C. 过程控制　　D. 计算机辅助测试
20. 微型机的中央处理器主要集成了_____。
    A. 控制器和 CPU　　　　　　　　B. 控制器和存储器
    C. 运算器和 CPU　　　　　　　　D. 运算器和控制器

21. 计算机系统由_____组成。
    A. 主机和系统软件   B. 硬件系统和软件系统
    C. CPU、存储器和 I/O 设备   D. 微处理器和软件系统
22. 计算机中主板上所采用的电源为_____。
    A. 交流电   B. 直流电
    C. 可以是交流电,也可以是直流电 D. UPS
23. 计算机中使用的双核处理器,双内核的主要作用是_____。
    A. 加快了处理多媒体数据的速度
    B. 处理信息的能力与单核相比,加快了一倍
    C. 加快了处理多任务的速度
    D. 加快了从硬盘读取数据的速度
24. 在微型计算机性能的衡量指标中,_____用以衡量计算机的稳定性和质量。
    A. 可用性   B. 兼容性
    C. 平均无障碍工作时间   D. 性能价格比
25. 在计算机系统中,指挥、协调计算机工作的是_____。
    A. 显示器   B. CPU   C. 内存   D. 打印机
26. 电子计算机的性能可以用很多指标来衡量,主要指标有运算速度、字长和_____。
    A. 主存储器容量的大小   B. 硬盘容量的大小
    C. 显示器的尺寸   D. 计算机的制造成本
27. 将计算机硬盘上的数据传送到内存中的操作称为_____。
    A. 读盘   B. 写盘   C. 输入   D. 显示
28. 微型计算机中,外存储器比内存储器_____。
    A. 读写速度快 B. 存储容量大 C. 单位价格贵   D. 以上三种说法都对
29. 下列选项中,属于输入设备的是_____。
    A. 触摸屏   B. LED 显示器 C. 打印机   D. 绘图仪
30. 下列选项中,属于输出设备的是_____。
    A. 键盘   B. 扫描仪   C. 数码相机   D. 打印机
31. 如果想在网上观看.rm 格式的电影,可使用_____播放。
    A. WinRAR   B. CD 唱机   C. 录音机   D. RealPlayer
32. 下列选项中,属于音频文件格式的是_____。
    A..MP3   B..DOC   C..BMP   D..JPEG
33. 目前多媒体技术应用广泛,一般的卡拉 OK 厅普遍采用 VOD 系统,则 VOD 指的是_____。
    A. 图像格式   B. 语音格式   C. 总线标准   D. 视频点播
34. _____不是多媒体技术的特征。
    A. 集成性   B. 交互性   C. 艺术性   D. 实时性
35. 为减少多媒体数据所占存储空间,一般都采用_____。
    A. 存储缓冲技术   B. 数据压缩技术
    C. 多通道技术   D. 流水线技术

36. 下列选项中,属于视频文件格式的是_____。
    A..MP4　　　　　B..JPEG　　　　　C..MP3　　　　　D..BMP
37. 下述有关多媒体计算机的有关叙述正确的是_____。
    A.多媒体计算机可以处理声音和文字,但不能处理动画和图像
    B.多媒体计算机系统包括硬件系统、网络操作系统和多媒体应用工具软件
    C.传输媒体主要包括键盘、显示器、鼠标、声卡和视频卡等
    D.多媒体技术具有数字化、集成性、交互性和实时性的特征
38. 目前为宽带用户提供稳定和流畅的视频播放效果所采用的主要技术是_____。
    A.操作系统　　　B.闪存技术　　　C.流媒体技术　　　D.光存储技术
39. 通常所说的RGB颜色模型是_____三色模型。
    A.绿、青、蓝　　B.红、黄、蓝　　C.红、绿、蓝　　D.以上都不是
40. 下列各项中,不属于多媒体硬件的是_____。
    A.视频采集卡　　B.声卡　　　　C.网银U盾　　　D.光盘驱动器
41. 将二进制数10000001B转换为十进制数应该是_____。
    A.126　　　　　B.127　　　　　C.128　　　　　D.129
42. 将二进制数10000111转换为十六进制数为_____。
    A.87H　　　　　B.88H　　　　　C.111H　　　　　D.121H
43. 下列二进制数中,_____与十进制数510等值。
    A.111111111B　　B.100000000B　　C.111111110B　　D.110011001B
44. 下列各种进制的数中最小的数是_____。
    A.42D　　　　　B.2BH　　　　　C.44D　　　　　D.101001B
45. 与十六进制数(8FH)等值的二进制数是_____。
    A.10001111　　　B.10000010　　　C.10011110　　　D.10011111
46. 在计算机内部,机器码的形式是_____。
    A.ASCII码　　　B.BCD码　　　　C.二进制　　　　D.十六进制
47. 一个汉字的国标码和它的机内码之间的差是_____。
    A.1010H　　　　B.2020H　　　　C.4040H　　　　D.8080H
48. 通常在微型计算机内部,汉字"安徽"一词占_____字节。
    A.2　　　　　　B.4　　　　　　C.3　　　　　　D.1
49. 以下对微机汉字系统描述中正确的是_____。
    A.汉字内码与所用的输入法有关
    B.汉字的内码与字形有关
    C.在同一操作系统中,采用的汉字内码是统一的
    D.汉字的内码与汉字字号大小有关
50. 在16×16点阵字库中,存储一个汉字的字模信息需用的字节数是_____。
    A.8　　　　　　B.24　　　　　C.32　　　　　D.48
51. 全角状态下,一个英文字符在屏幕上的宽度是_____。
    A.1个ASCII字符　　　　　　　B.2个ASCII字符
    C.3个ASCII字符　　　　　　　D.4个ASCII字符

52. 标准 ASCII 编码在机器中的表示方法准确的描述应是_____。
    A. 使用 8 位二进制代码,最右边一位为 1
    B. 使用 8 位二进制代码,最左边一位为 0
    C. 使用 8 位二进制代码,最右边一位为 0
    D. 使用 8 位二进制代码,最左边一位为 1
53. 下列字符中,ASCII 码值最大的是_____。
    A. a   B. d   C. A   D. E
54. 使用搜狗输入法进行汉字"安徽"的录入时,在键盘上按下的按键"anhui"属于汉字的_____。
    A. 输入码   B. 机内码   C. 国标码   D. ASCII 码
55. 计算机中存储数据的最小单位是_____。
    A. 位   B. 字节   C. 字   D. 字长
56. 在计算机中,高速缓存(Cache)的作用是_____。
    A. 提高 CPU 访问内存的速度   B. 提高外存与内存的读写速度
    C. 提高 CPU 内部的读写速度   D. 提高计算机对外设的读写速度
57. 微型计算机中的外存储器,可以与_____直接进行数据传送。
    A. 运算器   B. 控制器   C. 内存储器   D. 微处理器
58. 微型计算机中,存储器的主要功能是_____。
    A. 程序执行   B. 算术和逻辑运算 C. 信息存储   D. 人机交互
59. 一台计算机中可以安装的内存容量大小,其主要由_____决定。
    A. 地址总线   B. 控制总线   C. 串行总线   D. 数据总线
60. 计算机是通过_____来访问存储单元的。
    A. 文件   B. 操作系统   C. 硬盘   D. 地址
61. 字长是 CPU 技术性能的主要指标之一,它表示_____。
    A. CPU 一次能处理的二进制数据的位数
    B. 计算结果的有效数字长度
    C. 最大有效数字位数
    D. 最长的十进制整数的位数
62. 衡量内存的性能有多个技术指标,但不包括_____。
    A. 容量的大小   B. 存取时间的长短 C. 存储接口类型 D. 运算速度
63. 下列叙述中,正确的是_____。
    A. 为协调 CPU 与 RAM 间速度差,在 CPU 芯片中集成了高速缓存
    B. PC 机在使用过程中突然断电,SRAM 中存储的信息不会丢失
    C. PC 机在使用过程中突然断电,DRAM 中存储的信息不会丢失
    D. CPU 可以直接处理外存储器中的信息
64. 在目前的微机操作系统中运行某一程序时,若主存储容量不够,可采用下列_____技术解决。
    A. 虚拟内存   B. 更新 CPU   C. 采用光盘   D. 采用优盘
65. 在计算机术语中,ROM 是指_____。
    A. 读写存储器   B. 高速缓存   C. 只读存储器   D. 硬盘

66. 现在一般的微机内部有二级缓存(Cache),其中一级缓存位于_____内。
   A. CPU　　　　　　B. 内存　　　　　　C. 主板　　　　　　D. 硬盘
67. 在微型计算机中,内存是指_____。
   A. RAM　　　　　　B. CMOS　　　　　　C. ROM　　　　　　D. CPU
68. 内存中的每个基本单元都有一个唯一的序号,此序号称为这个内存单元的_____。
   A. 字节　　　　　　B. 号码　　　　　　C. 地址　　　　　　D. 容量
69. 在计算机中,采用虚拟存储器的目的是_____。
   A. 提高主存储器的速度　　　　　　B. 扩大外存储器的容量
   C. 扩大内存储器的寻址空间　　　　D. 提高外存储器的速度
70. 下列说法中错误的是_____。
   A. CD-ROM 是一种只读存储器,但不是内存储器
   B. CD-ROM 驱动器是多媒体计算机的基本部分
   C. 只有存放在 CD-ROM 盘上的数据才称为多媒体信息
   D. CD-ROM 盘上能够存储约 650 兆字节的信息
71. U 盘"写保护"的含义是:对 U 盘进行写保护后,该 U 盘_____。
   A. 确保写入数据时不出错　　　　　B. 只能进行读操作,不能进行写操作
   C. 写操作时保证不被损坏　　　　　D. 只能进行写操作,不能进行读操作
72. 新硬盘在使用前,首先应经过以下几步处理:低级格式化、_____。
   A. 磁盘拷贝、硬盘分区　　　　　　B. 硬盘分区、磁盘拷贝
   C. 硬盘分区、高级格式化　　　　　D. 磁盘清理
73. 可以多次写入信息的光盘是_____。
   A. CD-ROM　　　　B. CD-R　　　　　C. CD-RW　　　　　D. DVD-ROM
74. 当硬盘中的某些磁道损坏后,该硬盘_____。
   A. 不能再使用　　　　　　　　　　B. 必须送原生产厂维修
   C. 只能作为另一块硬盘的备份盘　　D. 通过工具软件处理后,能继续使用
75. CD-ROM 是一种光盘存储器,其特点是_____。
   A. 可以读出,也可以写入　　　　　B. 只能写入
   C. 易失性　　　　　　　　　　　　D. 只能读出,不能写入
76. 一般情况下,外存储器中存储的信息,在断电后_____。
   A. 局部丢失　　　　B. 大部分丢失　　　C. 全部丢失　　　　D. 不会丢失
77. 下列有关存储器读写速度排列正确的是_____。
   A. RAM>Cache>硬盘　　　　　　　B. Cache>RAM>硬盘
   C. Cache>硬盘>RAM　　　　　　　D. RAM>硬盘>Cache
78. 下述有关硬盘的叙述中,正确的是_____。
   A. 硬盘的读写速度比光盘慢
   B. 硬盘存储容量大
   C. 微机中使用的硬盘使用 PCI 接口和主板连接
   D. 硬盘和 U 盘使用相同的存储介质

79. 在计算机上通过键盘输入一段文章时,该段文章首先存放在主机的_____中,如果希望将这段文章长期保存,应以_____形式存储于_____中。
    A. 内存、文件、外存　　　　　　　　B. 外存、数据、内存
    C. 内存、字符、外存　　　　　　　　D. 键盘、文字、打印机
80. 在关于微机系统的下列术语中,属于显示器主要性能指标的是_____。
    A. 容量　　　　B. 品牌　　　　C. 分辨率　　　　D. 采样率
81. 微机显示器一般有两组引线,分别是_____。
    A. 电源线与信号线　　　　　　　　B. 电源线与控制线
    C. 地址线与信号线　　　　　　　　D. 控制线与地址线
82. 假设显示器目前的分辨率为1024×768像素,每个像素点用24位真彩色显示,其显示一幅图像所需容量是_____个字节。
    A. 1024×768×24　　　　　　　　B. 1024×768×3
    C. 1024×768×2　　　　　　　　　D. 1024×768
83. 通常U盘通过_____接口与计算机相连。
    A. PCIE　　　　B. IDE　　　　C. USB　　　　D. COM
84. 假如安装的是第一台打印机,那么它被指定为_____打印机。
    A. 普通　　　　B. 默认　　　　C. 网络　　　　D. 本地
85. 下述有关液晶显示器的叙述中,正确的是_____。
    A. 功耗高　　　　B. 辐射大　　　　C. 厚度薄　　　　D. 画面抖动厉害
86. 相较于激光打印机,针式打印机具有的优点是_____。
    A. 耗材便宜　　　　B. 噪音小　　　　C. 打印速度快　　　　D. 使用方便
87. 在微型机中,一般有IDE、SCSI、并口和USB等I/O接口,I/O接口位于_____。
    A. CPU和I/O设备之间　　　　　　　B. 内存和I/O设备之间
    C. 主机和总线之间　　　　　　　　D. CPU和主存储器之间
88. 下列叙述正确的是_____。
    A. 没有外部设备的计算机称为裸机
    B. 磁盘信息是以顺序方式读出的
    C. ASCII码不是计算机唯一使用的信息编码
    D. 长程序一定比短程序执行时间长
89. 计算机主板上的组成部件一般通过_____加以连接。
    A. 适配器　　　　B. 电缆　　　　C. 中继器　　　　D. 总线
90. USB接口指的是_____。
    A. IEEE1394接口　　B. 并行接口　　C. 内存接口　　D. 通用串行接口
91. 在计算机中,设置CMOS的目的是_____。
    A. 改变操作系统　　　　　　　　　B. 清除病毒
    C. 更改和保存机器参数　　　　　　D. 安装硬件设备
92. 总线是硬件各部分实现相互连接、传递信息的连接线路,下列_____不是计算机的总线标准。
    A. USB　　　　B. PCI　　　　C. ISA　　　　D. ISO9002

93. 在计算机中,外设与CPU_____。
    A. 直接相连   B. 经过接口相连
    C. 无连接标准   D. 在生产时集成在一起

94. 微型计算机中使用的三类总线,不包括_____。
    A. 数据总线   B. 控制总线   C. 地址总线   D. 传输总线

95. 下述有关计算机总线的描述错误的是_____。
    A. CPU和内存通过总线通信
    B. 根据总线中流动的数据不同可分为数据总线、地址总线和控制总线
    C. 总线只能进行信息单向传递
    D. 总线是计算机五大部件通信的公共通道

96. 键盘上的数字、英文字母、标点符号、空格等键统称为_____。
    A. 控制键   B. 功能键   C. 运算键   D. 字符键

97. 通常一条计算机指令用来_____。
    A. 规定计算机完成一系列既定任务   B. 规定计算机执行一个基本操作
    C. 执行一个系统工程   D. 执行一个软件

98. 计算机可直接执行的指令一般由_____组成。
    A. 内容和地址   B. 数据流和控制流
    C. 操作码和操作数   D. 内码和外码

99. 键盘上的CapsLock灯亮表示_____。
    A. 当前可以输入小写字母   B. 当前可以输入大写字母
    C. 当前可以输入数字   D. 当前可以输入中文

100. 一条计算机指令可分为两部分,操作码指出执行什么操作,_____指出需要操作的数据或数据的地址。
    A. 源地址码   B. 操作数   C. 目标码   D. 数据码

101. 在单CPU的计算机系统中,同一时刻只能运行_____指令。
    A. 一条   B. 两条   C. 八条   D. 无限制

102. 关于软件的概念,下列_____是正确的。
    A. 软件就是程序   B. 软件就是说明
    C. 软件就是指令   D. 软件是程序、数据及相关文档的集合

103. Microsoft Access软件属于_____软件。
    A. 幻灯片制作 B. 数据库管理 C. 教学   D. 游戏

104. 在比较两个同类型文件大小时,从_____中不能直接判断。
    A. 打开过程的用时长短   B. 所占存储字节数
    C. 文件的建立时间   D. 复制操作用时的长短

105. 通常所说的共享软件是指_____。
    A. 盗版软件
    B. 一个人购买的商业软件,大家都可以借来使用
    C. 在试用基础上提供的一种商业软件
    D. 不受版权保护的公用软件

106. 微机启动时,首先同用户打交道的软件是_____,在它的帮助下才得以方便、有效地调用系统各种资源。
    A. 操作系统   B. Word 字处理软件
    C. 语言处理程序   D. 实用程序

107. 下列有关计算机程序的说法,正确的是_____。
    A. 程序都在 CPU 中存储并运行
    B. 程序由外存读入内存后,在 CPU 中执行
    C. 程序在外存中存储并执行
    D. 程序在内存中存储,在外存中执行

108. 下列叙述中,正确的说法是_____。
    A. 编译程序、解释程序和汇编程序不是系统软件
    B. 故障诊断程序、人事管理系统属于应用软件
    C. 操作系统、财务管理程序都不是应用软件
    D. 操作系统和各种程序设计语言的处理程序都是系统软件

109. 计算机程序主要由算法和数据结构组成。计算机中对解决问题的有穷操作步骤的描述被称为_____,它直接影响程序的优劣。
    A. 算法   B. 数据结构   C. 数据   D. 程序

110. 下列有关计算机系统软件的叙述正确的是_____。
    A. 方便使用计算机   B. 清除病毒,维护计算机的正常运行
    C. 开发电子商务系统   D. 解决语音输入

111. Java 语言编译系统是_____。
    A. 系统软件   B. 操作系统   C. 应用软件   D. 用户文件

112. 操作系统功能包括进程管理、存储器管理、设备管理、文件管理、用户接口,其中的"存储器管理"主要是对_____。
    A. 外存的管理   B. 辅助存储器的管理
    C. 内存的管理   D. 内存和外存统一管理

113. 下面关于操作系统的叙述中,错误的是_____。
    A. 操作系统是用户与计算机之间的接口
    B. 操作系统直接作用于硬件上,并为其他应用软件提供支持
    C. 操作系统可分为单用户、多用户等类型
    D. 操作系统可直接编译高级语言源程序并执行

114. 下列四种操作系统,以"及时响应外部事件"(如炉温控制、导弹发射等)为主要目标的是_____。
    A. 批处理操作系统   B. 分时操作系统
    C. 实时操作系统   D. 网络操作系统

115. 在操作系统中,关于文件的存储,下面说法正确的是_____。
    A. 一个文件必须存储在磁盘上一片连续的区域中
    B. 一个文件可以存储在磁盘不同的磁道及扇区中
    C. 磁盘整理一定能将文件连续存放
    D. 文件的连续存放与否与文件的类型有关

116. 计算机操作系统协调和管理计算机软硬件资源,同时还是_____之间的接口。
    A. 主机和外设   B. 用户和计算机
    C. 系统软件和应用软件   D. 高级语言和计算机语言

117. 在下列叙述中,正确的是_____。
    A. 所有类型的程序设计语言及其编写的程序均可以直接运行
    B. 程序设计语言及其编写的程序必须在操作系统支持下运行
    C. 操作系统必须在程序设计语言的支持下运行
    D. 程序设计语言都是由英文字母组成的

118. 操作系统中"文件管理"的功能较多,最主要功能是_____。
    A. 实现对文件的内容管理   B. 实现对文件的属性管理
    C. 实现对文件输入输出管理 D. 实现对文件的按名存取

119. 主计算机采用时间分片的方式轮流地为各个终端服务,及时对用户的服务请求予以响应,如买火车票等,这样的操作系统类型是_____。
    A. 单用户操作系统   B. 批处理操作系统
    C. 分时操作系统   D. 分布式操作系统

120. 某程序段内存在条件P,当P为真时执行A模块,否则执行B模块。该程序片段是结构化程序设计三种基本结构中的_____。
    A. 连续结构   B. 选择结构   C. 循环结构   D. 顺序结构

121. 计算机能直接识别和执行的语言是_____。
    A. 机器语言   B. 高级语言   C. 数据库语言   D. 汇编程序

122. 以下关于汇编语言的描述中,错误的是_____。
    A. 汇编语言使用的是助记符号
    B. 汇编程序是一种不再依赖于机器的语言
    C. 汇编语言诞生于20世纪50年代初期
    D. 汇编语言不再使用难以记忆的二进制代码

123. 程序设计的核心是_____。
    A. 数据   B. 语句   C. 格式   D. 算法+数据结构

124. 将高级语言的源程序变为目标程序要经过_____。
    A. 调试   B. 汇编   C. 编辑   D. 编译

125. 程序设计方法主要有两种,其中C++语言程序设计所采用的设计方法是_____程序设计。
    A. 面向机器   B. 面向用户   C. 面向对象   D. 面向问题

二、多项选择题

1. 计算机不能正常启动,则可能的原因有_____。
    A. 电源故障   B. 操作系统故障   C. 主板故障   D. 内存条故障

2. 在下列关于计算机软件系统组成的叙述中,错误的有_____。
    A. 软件系统由程序和数据组成
    B. 软件系统由软件工具和应用程序组成
    C. 软件系统由软件工具和测试软件组成
    D. 软件系统由系统软件和应用软件组成

3. 下列有关计算机操作系统的叙述中,正确的有_____。
   A. 操作系统属于系统软件
   B. 操作系统只负责管理内存储器,而不管理外存储器
   C. UNIX 是一种操作系统
   D. 计算机的处理器、内存等硬件资源也由操作系统管理
4. 下列关于微机中汉字编码的叙述,_____是正确的。
   A. 五笔字型编码是汉字输入码
   B. 汉字库中寻找汉字字模时采用输入码
   C. 汉字字形码是汉字字库中存储的汉字字形的数字化信息
   D. 存储或处理汉字时采用机内码
5. 下列汉字输入法中,有重码的输入法有_____。
   A. 微软拼音输入法　　　　　　　B. 区位码输入法
   C. 智能 ABC 输入法　　　　　　 D. 五笔字型输入法
6. 下列存储器中,CPU 能直接访问的有_____。
   A. 内存储器　　　　　　　　　　B. 硬盘存储器
   C. Cache(高速缓存)　　　　　　D. 光盘
7. 影响计算机速度的指标有_____。
   A. CPU 主频　　B. 内存容量　　C. 硬盘容量　　D. 显示器分辨率
8. 表示计算机存储容量的单位有_____。
   A. 页　　　　B. 千字节(KB)　　C. 兆字节(MB)　　D. 字节(B)
9. 在利用计算机高级语言进行程序设计过程中,必不可少的步骤是_____。
   A. 编辑源程序　　B. 程序排版　　C. 编译或解释　　D. 资料打印
10. 以下属于图形图像来源有效途径的有_____。
    A. 用软件创作　　　　　　　　　B. 用扫描仪扫描
    C. 用数码相机拍摄　　　　　　　D. 从屏幕、动画、视频中捕捉
11. 系统总线按其传输信息的不同,可分为_____。
    A. 数据总线　　B. 地址总线　　C. 控制总线　　D. I/O 总线
12. 下述选项中,属于系统软件的是_____。
    A. Windows 7　　　　　　　　　B. 数据库管理系统
    C. Office 2010　　　　　　　　D. QQ

单元 2

Windows 7 的操作

实验 1　管理计算机资源

实验目的

1. 了解 Windows 7 桌面组成。
2. 理解文件和文件类型以及文件夹的概念。
3. 掌握文件和文件夹的操作方法。
4. 掌握 Windows 7 窗口的组成与操作。

实验任务

1. 文件与文件夹的创建。
2. 资源管理器和库的操作。
3. 文件与文件夹的搜索。
4. 文件属性的认识。

实验内容与步骤

1. 在 D 盘上创建一个文件夹,取名为:"我的资料",在"我的资料"文件夹下分别建立"软件"、"音乐"、"照片"和"电子图书"等 4 个文件夹。

操作步骤:

(1) 在桌面上双击"计算机"图标,打开"资源管理器"(推荐用户使用键盘上的"Windows+E"快捷键进入)。在"资源管理器"中,单击左侧导航窗格中磁盘 D 图标,或者双击右侧文件窗格中磁盘 D 图标,打开磁盘 D,如图 2-1 所示。

图 2-1　Windows 7 资源管理器

（2）单击"资源管理器"工具栏上的"新建文件夹"按钮，则新建一个文件夹。填写好新文件名称"我的资料"，写好后按回车键完成文件夹的创建，如图 2-2 所示。在工作区中也可以通过右击鼠标的方式创建新文件夹。

图 2-2　创建"我的资料"文件夹

(3)打开"我的资料"文件夹,用同样的方法创建"软件"、"音乐"、"照片"和"电子图书"等4个文件夹,如图2-3所示。

图2-3　创建"软件"、"音乐"等文件夹

2．查找计算机D盘上的图片文件,选择一些图片复制到D盘"我的资料"文件夹内的"照片"文件夹中。查找计算机D盘上的电子图书文档(PDF文档),选择一些电子图书复制到D盘"我的资料"文件夹内的"电子图书"文件夹中。

操作步骤:

(1)在"资源管理器"中选择D盘。

(2)在搜索框中,输入"＊.jpg",按回车键。计算机将D盘所有扩展名为.jpg的文件显示在"资源管理器"窗口中,如图2-4所示。

图2-4　搜索jpg图片文件

(3)选择一些图片文件,按"Ctrl+C"复制这些图片到剪贴板上。

(4)打开 D 盘"我的资料"文件夹内的"照片"文件夹,按"Ctrl+V"键,将刚才复制剪贴板上的图片粘贴到当前文件夹中。如图 2-5 所示。

图 2-5　复制图片到指定文件夹中

(5)按照同样的方法,可以搜索 D 盘上扩展名为.pdf 格式的电子图书文件,选择一些文件复制到 D 盘"我的资料"文件夹内的"电子图书"文件夹中。

3.新建一个库,取名为"我的照片",将"库位置"设置为 D 盘"我的资料"文件夹内的"照片"文件夹。

操作步骤:

(1)在"资源管理器"的左侧导航窗格中单击"库",打开"库"文件夹。

(2)在"库"文件夹中,单击工具栏上的"新建库"按钮,则可以在库文件夹中建立一个新库,输入新库的名称,按回车键,如图 2-6 所示。

单元2　Windows 7的操作

图 2-6　新建库

（3）单击左侧导航窗格中库列表中的"我的照片"库，则右侧显示"我的照片"为空，如图 2-7 所示。

图 2-7　设置"我的照片"库位置

(4)单击右侧文件窗格中"包含一个文件夹"按钮,打开"将文件夹包含在'我的照片'中"对话框。选择 D 盘"我的资料"文件夹中的"照片"文件夹,单击"包括文件夹"按钮,完成设置,如图 2-8 所示。

图 2-8 将文件夹包括在"我的照片"中

把 D 盘"我的资料"文件夹中的"照片"文件夹包括以后,在库列表中,可以看到"我的照片"库下包括了"照片"文件夹,如图 2-9 所示。

图 2-9 我的照片库

4. 打开"我的照片"库,预览图片。通过改变视图,查看图片的分辨率、大小、拍摄日期等信息。

操作步骤：

(1)在"资源管理器"中，单击导航窗格中库列表的"我的照片"，打开"我的照片"库。

(2)单击工具栏上的"显示方式切换开关"可以显示或隐藏预览窗格。在预览窗格中，可以预览选中的图片，在细节窗格中，显示了图片的详细信息，如图 2-10 所示。

图 2-10　显示方式切换

(3)单击工具栏上的"更改视图"按钮，可以选择不同的视图方式，如图 2-11 所示。

图 2-11　更改视图方式

5.打开"电子图书"文件夹，将其中的一个 pdf 文件复制成同名的 doc 文件。

操作步骤：

(1)打开"资源管理器"，在"导航"窗格中依次展开"计算机"→"D 盘"→"我的资料"→

"电子图书",如图 2-12 所示。

图 2-12 打开"电子图书"文件夹

(2)在名称为"名师之路"的文件上右击鼠标,在打开的快捷菜单上单击"复制"命令,将文件复制到剪贴板上。

(3)在文件窗格中右击鼠标,在打开快捷菜单上单击"粘贴"命令,文件窗格中出现了一个名称为"名师之路-副本"的文件,如图 2-13 所示。

图 2-13 文件复制

(4)单击菜单栏上的"工具"→"文件夹选项"命令,打开"文件夹选项"对话框。单击"查看"标签,在高级设置列表中找到"隐藏已知文件扩展名"项,去掉前面的勾选号,如图2-14所示。

图2-14 "文件夹选项"对话框

(5)单击"确定"按钮,文件的扩展名被显示出来了,如图2-15所示。

图2-15 显示文件扩展名

（6）两次单击（不是双击鼠标）"名师之路－副本.pdf"文件，将文件名称修改为"名师之路.doc"，如图 2-16 所示。

图 2-16　文件改名

注意　文件在修改扩展名时，系统会出现"如果改变文件扩展名，可能导致文件不可用"的提示。双击"名师之路.doc"文件，Word 打开的是乱码。在实际应用中，修改文件扩展名时要慎重。

实验 2　定制计算机工作环境

实验目的

1. 掌握控制面板中鼠标、显示属性、日期时间和添加/删除程序等应用。
2. 掌握用户账户和密码的设置。
3. 了解打印机的安装和设置。
4. 了解声音/语音和音频设备的设置。

实验任务

1. 定制桌面及"开始"菜单。
2. 定制用户账号。
3. 设置个性化任务栏和"开始"菜单。
4. 安装和管理应用程序。

实验内容与步骤

1. 将桌面上常用的应用程序锁定到任务栏。

操作步骤（用下面的三种方法之一即可）：

（1）在桌面上选定需要锁定到任务栏的应用程序图标，右击鼠标，在弹出的快捷菜单中选择"锁定到任务栏"命令。

（2）从桌面上或"开始"菜单中，将程序的快捷方式拖动到任务栏。

（3）如果将已打开的程序锁定到任务栏，则右击任务栏中的程序图标，从快捷菜单中选中"将此程序锁定到任务栏"命令即可，如图 2-17 所示。

2. 关闭任务栏通知区域的时钟图标。

操作步骤：

（1）在任务栏上右击鼠标，在弹出的快捷菜单上选择"属性"命令。打开"任务栏和「开始」菜单属性"对话框，如图 2-18 所示。

图 2-17　将已打开的应用程序锁定到任务栏

图 2-18　任务栏和「开始」菜单属性

（2）在"任务栏和「开始」菜单属性"对话框中，单击"自定义"按钮，打开设置"通知区域图标"窗口，如图 2-19 所示。

图 2-19　设置"通知区域图标"窗口

(3)单击"打开或关闭系统图标"命令,打开"通知区域图标"的"系统图标"设置窗口。在系统图标列表中找到"时钟",将其行为由打开改为关闭,如图 2-20 所示。

图 2-20　设置"系统图标"窗口

(4)单击【确定】按钮,完成设置。通知区域右下角时钟图标不见了。

3.将系统提供的"风景"主题作为新的桌面背景,图片每隔一小时更换一张,将窗口边框、"开始"菜单和任务栏的颜色设置为巧克力色。

操作步骤:

(1)在桌面上右击鼠标,在弹出的快捷菜单中,单击"个性化"命令,打开"个性化"设置窗口,如图 2-21 所示。

(2)在"个性化"设置窗口中,单击"Aero 主题中"的"自然"图标,则桌面上显示的就是自然风光图片。

图 2-21　设置"个性化"窗口

(3)在"个性化"设置窗口中,单击"桌面背景"图标,打开"桌面背景"设置对话框,如图 2-22 所示。

图 2-22　设置"桌面背景"窗口

(4)在"更改图片时间间隔"下拉列表中,选择"1 小时",单击"保存修改"按钮,完成桌面背景设置。

(5)在"个性化"设置窗口中,单击"窗口颜色"图标,打开"窗口颜色和外观"设置窗口,如图 2-23 所示。

图 2-23 设置"窗口颜色和外观"窗口

(6)在"更改窗口边框、「开始」菜单和任务栏的颜色"色块列表中选择"巧克力色块",单击"保存修改"按钮,完成窗口颜色和外观设置。

4.创建一个标准账户,名称为:user1,密码为:user1,并把 Windows 系统切换到 user1 用户。

操作步骤:

(1)在"控制面板"中,单击"用户账户"图标,打开"用户账户"设置窗口,如图 2-24 所示。

图 2-24 设置"用户账户"窗口

(2)单击"管理其他账户"命令,打开"管理账户"窗口,如图 2-25 所示。

图 2-25　设置"管理账户"窗口

(3)单击"创建一个新账户"命令,打开"创建新账户"窗口,如图 2-26 所示。

图 2-26　设置"创建新账户"窗口

(4)在窗口命名文本框中输入账户名称 user1,在账户类型选择单选按钮上选择"标准用户",单击"创建账户"按钮完成新账户的创建,如图 2-27 所示。

图 2-27 添加新账户

(5)单击 user1 账户图标,打开"更改账户"窗口,如图 2-28 所示。

图 2-28 "更改账户"窗口

(6)单击"创建密码"命令,打开"创建密码"窗口,在"新密码"和"确认新密码"文本框中输入相同的密码,单击"创建密码"按钮完成密码的设置,如图 2-29 所示。

图 2-29 "创建密码"窗口

(7)单击"开始"菜单,在"关机"按钮右侧箭头按钮,从弹出的下拉菜单中选择"切换用户"命令。也可以按下【Ctrl+Alt+Delete】组合键,在 Windows 7 安全选项界面中选择"切换用户"选项,如图 2-30 所示。

图 2-30 切换用户

5.安装百度云管家程序,在"程序和功能"窗口中查看已经安装的程序,卸载百度云管家程序。

操作步骤:

(1)双击"百度云管家"安装文件(如果电脑上没有安装文件,可在百度官网上下载),打开"打开文件－安全警告"对话框,如图 2-31 所示。

图 2-31　运行"百度云管家"安装文件

(2)单击"运行"按钮,打开"百度云管家"安装向导对话框,如图 2-32 所示。

图 2-32　"百度云管家"安装向导对话框

(3)单击"安装位置"文本框右侧的箭头,可以设置应用程序安装位置(也可以用默认安装位置)。单击"极速安装"按钮,完成应用程序的安装。

(4)在"控制面板"窗口中,将其查看方式设置为"类别",单击"程序"图标下的"卸载程序"链接,打开"程序和功能"窗口,如图 2-33 所示。

单元2　Windows 7的操作

图 2-33　"程序和功能"窗口

（5）在"卸载/更改"列表中，选中"百度云管家"程序，单击"卸载/更改"按钮，在打开的"下载向导"对话框中，单击"卸载"按钮，完成程序的卸载，如图 2-34 所示。

图 2-34　卸载"百度云管家"程序

 习题 2

一、单项选择题

1. 在 Windows 中，要取消已经选定的多个文件或文件夹中的一个，应该按下键盘上的_____键，再单击要取消项。

　　A. Alt　　　　　　B. Ctrl　　　　　　C. Shift　　　　　　D. Esc

2. 使用家用电脑能一边听音乐,一边玩游戏,这主要体现了 Windows 的_____。
   A. 人工智能技术　　B. 自动控制技术　　C. 文字处理技术　　D. 多任务技术

3. 下面关于 Windows 的窗口描述中,错误的是_____。
   A. 窗口是 Windows 应用程序的用户界面
   B. 按"Shift+Tab"键可以在各窗口之间切换
   C. 用户可以改变窗口的大小
   D. 窗口由边框、标题栏、菜单栏、工作区、状态栏、滚动条等组成

4. Windows 桌面底部的任务栏功能很多,但不能在"任务栏"内进行的操作是_____。
   A. 设置系统日期和时间　　　　　　B. 排列桌面图标
   C. 排列和切换窗口　　　　　　　　D. 启动"开始"菜单

5. Windows 的"开始"菜单集中了很多功能,下面对其描述较准确的是_____。
   A. "开始"菜单就是计算机启动时所打开的所有程序的列表
   B. "开始"菜单是用户运行 Windows 应用程序的入口
   C. "开始"菜单是当前系统中的所有文件
   D. "开始"菜单代表系统中的所有可执行文件

6. 在 Windows 中,鼠标指针呈四箭头形时,一般表示_____。
   A. 选择菜单　　　　　　　　　　　B. 用户等待
   C. 完成操作　　　　　　　　　　　D. 选中对象可以上、下、左、右拖曳

7. 在 Windows 中,以_____为扩展名的文件不是可执行文件。
   A. COM　　　　B. SYS　　　　C. BAT　　　　D. EXE

8. 在 Windows 中,快捷方式文件的图标_____。
   A. 右下角有一个小箭头　　　　　　B. 左下角有一个箭头
   C. 左上角有一个箭头　　　　　　　D. 右上角有一个箭头

9. 在 Windows 中,要对当前屏幕进行截屏,可以按键盘上的_____键。
   A. Shift+P　　　　　　　　　　　B. Ctrl+p
   C. Print Screen　　　　　　　　　D. Alt+Print Screen

10. 删除 Windows 桌面上的"Microsoft Word"快捷图标,意味着_____。
    A. 该应用程序连同其图标一起被删除
    B. 只删除了该应用程序,对应的图标被隐藏
    C. 只删除了图标,对应的应用程序被保留
    D. 下次启动后图标会自动恢复

11. 在 Windows 中,不同驱动器之间复制文件时可使用的鼠标操作是_____。
    A. 拖曳　　　B. Shift+拖曳　　　C. Alt+拖曳　　　D. Ctrl+P

12. Windows 中查找文件时,如果在"全部或部分文件名"框中输入"*.doc",表明要查找的是_____。
    A. 文件名为*.doc 的文件
    B. 文件名中有一个*的 doc 文件
    C. 所有的 doc 文件
    D. 文件名长度为一个字符的 doc 文件

13. 在 Windows 中,将光盘放入光驱中,光盘内容能自动运行,是因为光盘的根目录上有_____文件。
    A. AUTOEXEC. BAT   B. CONFIG. SYS
    C. AUTORUN. INF   D. SETUP. EXE
14. 在 Windows 中,选用中文输入法后,可以按_____实现中英文标点符号的切换。
    A. CapsLock 键   B. Ctrl+圆点键
    C. Shift+空格键   D. Ctrl+空格键
15. 在 Windows 中,当键盘上有某个字符键因损坏而失效,则可以使用中文输入法按钮组中的_____来输入字符。
    A. 光标键   B. 功能键   C. 小键盘区键   D. 软键盘
16. Windows 7 的文件夹组织结构是一种_____。
    A. 表格结构   B. 树形结构   C. 网状结构   D. 线形结构
17. 在 Windows 中,要将文件直接删除而不是放入回收站,正确的操作是_____。
    A. 按 Delete(Del)键   B. 按 Shift 键
    C. 按"Shift+Delete(Del)"键   D. 使用"文件"菜单下的"删除"菜单项
18. 下列文件名在 Windows 中错误的是_____。
    A. 安徽   B. 计算机
    C. 安徽.计算机   D. 安徽:计算机
19. 如果要彻底删除系统中已安装的应用软件,最正确的方法是_____。
    A. 直接找到该文件或文件夹进行删除操作
    B. 用控制面板中"添加/删除程序"或软件自带的卸载程序完成
    C. 删除该文件及快捷图标
    D. 对磁盘进行碎片整理操作
20. 在 Windows 启动过程中,系统将自动执行"开始"菜单中的_____项所包含的应用程序。
    A. 程序   B. 附件   C. 启动   D. 游戏
21. 在 Windows 系统中,如通过"cmd"进入虚拟 DOS 后,再返回 Windows 时,则可键入_____命令使其返回。
    A. Down   B. Quit   C. Exit   D. Delete
22. 在 Windows 中,下列关于应用程序窗口与应用程序关系的叙述,错误的是_____。
    A. 一个应用程序窗口可含多个文档窗口(如 Word 可打开多个 doc 文档)
    B. 一个应用程序窗口与多个应用程序相对应
    C. 应用程序窗口最小化后,其对应的程序仍占用系统资源
    D. 应用程序窗口关闭后,其对应的程序结束运行
23. 在 Windows 中,可以通过_____进行系统硬件配置。
    A. 控制面板   B. 回收站   C. 附件   D. 系统监视器
24. 在 Windows 中,计算机利用_____与用户进行信息交换。
    A. 菜单   B. 工具栏   C. 对话框   D. 应用程序

25. 在 Windows 中,经常使用所谓的"即插即用"设备,其"即插即用"的含义是指_____。
   A. 不需要 BIOS 支持即可使用硬件
   B. Windows 系统所能使用的硬件
   C. 安装在计算机上不需要配置任何驱动程序就可使用的硬件
   D. 计算机上安装硬件后,系统自动识别并完成驱动程序的安装和配置

26. 对于 Windows 的控制面板,以下说法错误的是_____。
   A. 控制面板是一个专门用来管理计算机系统的应用程序
   B. 从控制面板中无法删除计算机中已经安装的声卡设备
   C. 在经典视图中,对于控制面板中的项目,可以在桌面上建立起它的快捷方式
   D. 可以通过控制面板删除一个已经安装的应用程序

27. 在 Windows 的资源管理器中,对选定的多个文件对象执行的操作,错误的是_____。
   A. 删除　　　　　B. 复制　　　　　C. 剪切　　　　　D. 同时重命名

28. 在 Windows 中,要查找以"安徽"开头的所有文件,应该在搜索名称框内输入_____。
   A. ?安徽　　　　B. *安徽　　　　C. 安徽?　　　　D. 安徽*

二、多项选择题

1. 在 Windows 中,显示文件(夹)有_____种方式。
   A. 缩略图　　　　B. 图标　　　　　C. 列表　　　　　D. 详细信息

2. 在 Windows 中搜索文件时,在文件名框中输入"?N*.*",则可以搜索到的文件有_____。
   A. AN01.EXE　　B. NAN12.DOC　　C. TN.JPG　　　　D. NAHAI.TXT

3. 在 Windows 中,更改文件名的正确方法包括_____。
   A. 用鼠标右击文件名,选择"重命名",键入新文件名后回车
   B. 选中文件,从"文件"菜单中选择"重命名",键入新文件名后回车
   C. 用鼠标左键单击图标,然后按 F2 键
   D. 先选中要更名的文件,然后再单击文件名框,键入新文件名后按回车

4. 关于输入法状态切换的组合键正确的是_____。
   A. 使用"Ctrl＋、"来切换中英文标点符号
   B. 使用"Ctrl＋空格"来打开或关闭中文输入法
   C. 使用"Shift＋空格"来切换半角输入模式和全角输入模式
   D. 使用"Ctrl＋Shift"在各种中文输入法之间进行切换

5. 在 Windows 中,下列有关回收站的叙述,错误的有_____。
   A. 回收站只能恢复刚刚被删除的文件、文件夹
   B. 可以恢复回收站中的文件、文件夹
   C. 只能在一定时间范围内恢复被删除的磁盘上的文件、文件夹
   D. 可以无条件地恢复磁盘上所有被删除的文件、文件夹

6. 在 Windows 中,下列_____操作可以在"控制面板"中实现。
   A. 创建快捷方式　　　　　　　　　B. 添加新硬件
   C. 调整鼠标的使用设置　　　　　　D. 进行网络设置

7. 在 Windows 中,查找文件可以按_____查找。
   A. 修改日期　　　　B. 文件大小　　　　C. 名称　　　　　　D. 删除的顺序
8. Windows 支持磁盘碎片整理,磁盘碎片整理的作用包括_____。
   A. 清除回收站中的文件　　　　　　B. 提高文件读写速度
   C. 使文件在磁盘上连续存放　　　　D. 增大硬盘空间
9. 在 Windows 中,下列不正确的文件名是_____。
   A. MY PARK GROUP.TXT　　　　B. A<>B.DOC
   C. FILE|FILE2.XLS　　　　　　　　D. A?B.PPT
10. 关于"快捷方式",下列叙述正确的有_____。
    A. 快捷方式就是桌面上的一个图标,它指出了相应的应用程序的位置
    B. 删除一个快捷方式,会彻底删除与这个快捷方式相对应的应用程序
    C. 删除一个快捷方式,只是删除了图标
    D. 删除了快捷方式,对应的应用程序仍然可以运行
11. 在 Windows 中选中某文件后,通过以下操作可以实现文件删除的有_____。
    A. 按 Delete 键
    B. 在"组织"菜单中选择"删除"命令
    C. 右键单击该文件,在弹出的快捷菜单中选择"删除"命令
    D. 双击该文件

单元 3

Word 2010 文字处理

实验 1 编辑文档

实验目的

1. 掌握 Word 2010 文档创建、编辑与保存的操作。
2. 掌握 Word 2010 文档字符格式化的操作。
3. 掌握 Word 2010 文档段落格式化的操作。
4. 熟悉"字体"、"段落"选项卡的使用。

实验任务

1. 在文档中输入文字。
2. 对文档进行编辑。
3. 对文档字符、段落进行格式化操作。

实验内容与步骤

【例文,仅供参考】

计算机组成原理

高速缓冲存储器的功能和原理

高速缓冲存储器是一种高速小容量的存储器,比主存储器快得多,完全可以跟上 CPU 的速度,由静态存储器芯片组成,位于 CPU 和主存储器之间。

CPU 与高速缓冲存储器之间的数据交换是以字为单位,而高速缓冲存储器与主存之间的数据交换是以块为单位,一个块由若干定长字组成的。当 CPU 读取主存中一个字时,便发出此字的内存地址到高速缓冲存储器和主存。此时高速缓冲存储器控制逻辑依据地址判断此字当前是否在高速缓冲存储器中:若是,此字立即传送给 CPU;若非,则用主存读周期把此字从主存读出送到 CPU,与此同时,把含有这个字的整个数据块从主存读出送到高速缓冲存储器中。

高速缓冲存储器的容量很小,它保存的内容只是主存内容的一个子集,且高速缓冲存储器与主存的数据交换是以块为单位。地址映射既是应用某种方法把主存地址定位到高速缓冲存储器中。

1.新建一个文档,命名为"Cache 的功能和原理.docx",保存在桌面上。

2.在文档首行光标位置输入标题"Cache 的功能和原理",设置标题文字为黑体、三号字、居中,字符间距设为加宽 4 磅,并添加蓝色底纹和文字边框。

操作步骤:

(1)单击"开始"选项卡|"字体"组下的命令按钮 ,打开"字体"对话框,设置字体、字号、字符间距,如图 3-1 所示。

图 3-1 "字体"对话框

(2)在"开始"选项卡|"段落"组下单击命令按钮 下拉框中的"边框和底纹"命令,打开"边框和底纹"对话框,设置字符底纹和文字边框,如图 3-2 所示。

说明 注意相应操作应用于"文字"。

图 3-2 "边框和底纹"对话框

3. 输入如下文档内容,字体和段落格式为 Word 模板默认格式。

> Cache 是一种高速小容量的存储器,比主存储器快得多,完全可以跟上 CPU 的速度,由静态存储器芯片组成,位于 CPU 和主存储器之间。
>
> CPU 与 Cache 之间的数据交换是以字为单位,而 Cache 与主存之间的数据交换是以块为单位,一个块由若干定长字组成的。当 CPU 读取主存中一个字时,便发出此字的内存地址到 Cache 和主存。此时 Cache 控制逻辑依据地址判断此字当前是否在 Cache 中:若是,此字立即传送给 CPU;若非,则用主存读周期把此字从主存读出送到 CPU,与此同时,把含有这个字的整个数据块从主存读出送到 Cache 中。
>
> Cache 的容量很小,它保存的内容只是主存内容的一个子集,且 Cache 与主存的数据交换是以块为单位。地址映射既是应用某种方法把主存地址定位到 Cache 中。

4. 将文档中的"Cache"全部替换为"高速缓冲存储器"。

操作步骤:

(1)单击"开始"选项卡|"编辑"组下的"替换"命令按钮,打开"查找和替换"对话框。

(2)在"替换"选项卡中分别填写查找内容"Cache"和替换内容"高速缓冲储存器",单击"全部替换"按钮完成替换,如图 3-3 所示。

图 3-3 "查找和替换"对话框

5. 将正文第一段"高速缓冲存储器是一种……"文字设置为宋体四号字,首字下沉 2 行,首字下沉字体为隶书,距正文 0.5 厘米。

操作步骤:

(1)单击"插入"选项卡|"文本"组|"首字下沉"命令按钮下拉框中的"首字下沉选项"命令,打开"首字下沉"对话框。

(2)设置首字下沉 2 行等选项,如图 3-4 所示。

图 3-4 "首字下沉"对话框

6.将正文第二段"CPU 与……"文字加粗,首行缩进 2 个字符,行距为 1.5 倍行距,分为 2 栏,有分隔线。

操作步骤:

(1)单击"开始"选项卡|"段落"组下的命令按钮 ,打开"段落"对话框,如图 3-5 所示,设置首行缩进、行距。

图 3-5 "段落"对话框

(2)选中正文第二段,单击"页面布局"选项卡|"页面设置"组|"分栏"命令按钮下拉框中的"更多分栏命令",打开"分栏"对话框,设置分为 2 栏、有分隔线,如图 3-6 所示。

图 3-6 "分栏"对话框

7.将正文第三段"高速缓冲存储器的容量……"文字设置为宋体五号字,1.5倍行距,段间距为段前2行,段后1行,段落添加红色双线边框。

操作步骤:

(1)行距、段间距在"段落"对话框中设置,如图3-5所示。

(2)段落边框在"边框和底纹"对话框中设置,如图3-2所示。

说明 注意相应操作应用于"段落"。

8.页面设置为:上页边距3厘米,下页边距2厘米,A4纸。

操作步骤:

(1)单击"页面布局"选项卡|"页面设置"组下的命令按钮,打开"页面设置"对话框,如图3-7所示。

图3-7 "页面设置"对话框

(2)在对话框中设置页边距、纸张大小。

说明 注意相应操作应用于"整篇文档"。在实验中,设置单位可能是厘米或磅,单击"文件"选项卡|"选项"命令,打开"Word选项"对话框,在"高级"选项卡下"度量单位"中进行修改。

9.添加页眉"计算机组成原理",右对齐。

操作步骤:

(1)单击选择"插入"选项卡|"页眉和页脚"组|"页眉"命令按钮下拉框中的一种页眉风格。

(2)也可以直接编辑页眉,例如"计算机组成原理",如图 3-8 所示。

图 3-8　插入页眉

10.插入页码,位置在页面底端,对齐方式为右对齐。

操作步骤:

单击"插入"选项卡|"页眉和页脚"组|"页码"命令按钮下拉框中页码位置以及相应位置下页码对齐方式,插入页码并设置页码格式,如图 3-9 所示。

图 3-9　插入页码

进一步提高

1. 文档加密，将文档密码设置为：123。

操作步骤：

(1) 单击选择"文件"选项卡 | "信息"组 | "保护文档"下拉框中的"用密码进行加密"命令，打开"加密文档"对话框，如图 3-10 所示。

(2) 输入密码后单击"确定"按钮，打开"确认密码"对话框，再次输入密码，单击"确定"按钮保存后完成加密，如图 3-11 所示。

图 3-10 "加密文档"对话框　　　　图 3-11 "确认密码"对话框

说明　密码可以是数字、符号、字母，字母区分大小写。

2. 格式刷的使用。

操作步骤：

(1) 格式刷如图 3-12 所示。

图 3-12 "格式刷"按钮

(2) 若要将 A 的格式复制到 B 上，选中 A 部分，单击"开始"选项卡 | "剪贴板"组下的"格式刷"按钮，此时光标变成"小刷子"的形状。

(3) "刷"向 B 部分即可。

说明　在对字符、段落进行格式化操作时，使用格式刷减少了大量重复的操作。

实验 2　编辑表格

实验目的

1. 掌握 Word 2010 中建立表格、编辑表格、格式化表格的操作。
2. 掌握 Word 2010 中利用公式和函数对表格数据进行简单计算。
3. 了解 Word 2010 中表格数据排序、重复标题行等操作的方法。

实验任务

1. 在工作簿中建立电子表,输入数据。
2. 编辑与设置数据格式。
3. 计算表格数据。

实验内容与步骤

【例表,仅供参考】

15 电气 2 班学生成绩表

学号	姓名	高数	英语	电工仪表	传感器	总分
01	邢子涵	80	95	80	75	330
02	唐欣冉	78	90	65	80	313
03	吴雨霏	75	86	60	75	296
04	罗子豪	90	85	83	75	333
05	江浩然	65	80	70	70	285
06	孙作为	55	65	72	60	252
07	洪安楠	85	90	75	80	330
08	张潇宇	85	80	78	76	319
09	刘子炫	78	56	60	70	264
10	钟承	75	80	85	80	320
平均分		76.60	80.70	72.80	74.10	

1. 新建一个文档,命名为"15 电气 2 班学生成绩表.docx",保存在桌面上。
2. 打开该文档,输入标题文字"15 电气 2 班学生成绩表",设置标题文字为隶书、小一号字、加粗、居中对齐。
3. 插入一个 12 行 7 列的表格。

操作步骤:

(1)单击选择"插入"选项卡|"表格"组|"表格"命令按钮下拉框中"插入表格"命令,打开"插入表格"对话框,如图 3-13 所示。

(2)在对话框中按要求设置行列数。

图 3-13 "插入表格"对话框

4. 设置表格外边框为双实线,内部边框为单实线,宽度均为 0.5 磅,单元格底纹为水绿色(强调文字颜色 5、淡色 80%)。

操作步骤:

(1)选中表格后,在"表格工具"面板|"设计"选项卡|"绘图边框"组中单击命令按钮 ,打开"边框和底纹"对话框,设置边框和底纹,注意设置边框可以在"边框和底纹"对话框预览窗格中手工设置,"边框和底纹"对话框如图 3-14 所示。

图 3-14 "边框和底纹"对话框

(2)也可以套用格式,将表格或光标定位在表格中,在"表格工具"面板|"设计"选项卡|"表格样式"组选择需要的样式,"设计"选项卡如图 3-15 所示。

图 3-15 "设计"选项卡

5. 将第一行行高设置为 0.7 厘米,其他行行高设置为 0.5 厘米,列宽均设置为 2.2 厘米。

操作步骤:

(1)选中表格或光标定位在表格中,在"表格工具"面板|"布局"选项卡|"单元格大小"组中可以调整行高、列宽。

(2)根据要求可以选中整个表格、多行多列、一行一列进行调整,"布局"选项卡如图 3-16 所示。

图 3-16 "布局"选项卡

6. 将单元格 A12、B12 合并。

操作步骤：

在"表格工具"面板|"布局"选项卡|"合并"组中可以合并选中的单元格，也可以对选中的单元格按要求进行拆分。

7. 设置所有单元格对齐方式为水平居中。

操作步骤：

选中表格后，在"表格工具"面板|"布局"选项卡|"对齐方式"组中完成操作。

8. 按例表在新建的表格内输入学号、姓名、各科成绩等文本、数据，第一行宋体小四号字，其他行宋体五号字，总分、平均分数据不输入。

9. 使用公式计算学生成绩总分、各科成绩平均分（保留两位小数）。

操作步骤：

(1) 将光标定位于 G2 单元格，在"表格工具"面板|"布局"选项卡|"数据"组中单击"公式"命令按钮，打开"公式"对话框，完成总分的计算，注意函数的选取和公式的格式，如图 3-17 所示。

图 3-17 "公式"对话框

(2) 将 G2 单元格计算公式复制到 G3~G11 单元格，在右键菜单中单击"更新域"命令后重新计算总分，如图 3-18 所示。各科成绩平均分公式计算方法类似，注意函数的选择。

图 3-18 "更新域"命令操作

进一步提高

1. 将数据表按总分降序排序。

操作步骤：

(1) 选中表格或将光标定位在表格中，在"表格工具"面板|"布局"选项卡|"数据"组中单击"排序"命令按钮，打开"排序"对话框，如图 3-19 所示。

图 3-19 "排序"对话框

(2) 学生成绩表中，可以按照字段进行排序，如图 3-20 所示，按总分降序排序。

15电气2班学生成绩表

学号	姓名	高数	英语	电工仪表	传感器	总分
04	罗子豪	90	85	83	75	333
01	邢子涵	80	95	80	75	330
07	洪安楠	85	90	75	80	330
10	钟承	75	80	85	80	320
08	张潇宇	85	80	78	76	319
02	唐欣冉	78	90	65	80	313
03	吴雨霏	75	86	60	75	296
05	江浩然	65	80	70	70	285
09	刘子炫	78	56	60	70	264
06	孙作为	55	65	72	60	252
平均分		76.60	80.70	72.80	74.10	

图 3-20 按总分降序排序

2. 设置标题行在每页上重复。

操作步骤：

当表格跨页时，设置该项时，在每一页重复标题行。选中标题行或将光标定位在标题行中，在"表格工具"面板|"布局"选项卡|"数据"组中单击"重复标题行"命令按钮，该标题行即设置为重复标题行。

3. 将表格转换成文本。

操作步骤：

(1) 在很多时候，需要把表格转换成文本。选中表格或将光标定位在表格中，在"表格工具"面板|"布局"选项卡|"数据"组中单击"表格转换成文本"命令按钮，打开"表格转换成文

本"对话框,如图 3-21 所示。

图 3-21 "表格转换成文本"对话框

(2)选择合适的分隔符,单击"确定"按钮完成转换,学生成绩表转换成文本如图 3-22 所示。

15 电气 2 班学生成绩表

学号	姓名	高数	英语	电工仪表	传感器	总分
01	邢子涵	80	95	80	75	330
02	唐欣冉	78	90	65	80	313
03	吴雨霏	75	86	60	75	296
04	罗子豪	90	85	83	75	333
05	江浩然	65	80	70	70	285
06	孙作为	55	65	72	60	252
07	洪安楠	85	90	75	80	330
08	张潇宇	85	80	78	76	319
09	刘子炫	78	56	60	70	264
10	钟承	75	80	85	80	320
平均分		76.60	80.70	72.80	74.10	

图 3-22 转换后的文本

实验 3　长文档的编辑

■ 实验目的

1. 熟悉 Word 2010 长文档导航窗格的使用。
2. 熟悉 Word 2010 长文档样式窗格的使用。
3. 熟悉 Word 2010 长文档中页眉和页脚、自动生成目录等操作。
4. 熟悉 Word 2010 长文档中插入分隔符等操作。

■ 实验任务

1. 页面设置的操作。
2. 样式的使用。
3. 目录的提取。

实验内容与步骤

【例文,仅供参考】

1. 编辑前准备。

操作步骤:

(1)在"视图"选项卡|"显示"组中选中"导航窗格"复选框,显示"导航"窗格,如图 3-23 所示。

(2)在"开始"选项卡|"样式"组中单击命令按钮 ,打开"样式"窗格,清除原文档中的所有格式,如图 3-24 所示。

(3)单击"样式"窗格中的"选项"命令,打开"样式窗格选项"对话框,在"选择要显示的样式"下拉框中选择"所有样式",如图 3-25 所示。

图 3-23 "导航"窗格

图 3-24 "样式"窗格

图 3-25 "样式窗格选项"对话框

2.设置页面,左页边距3.5厘米,右页边距2.8厘米,页码范围为多页对称页边距,页眉和页脚奇偶页不同、首页不同。

操作步骤:

(1)单击"页面布局"选项卡|"页面设置"组中命令按钮,打开"页面设置"对话框。

(2)在"页边距"选项卡中设置页边距和页码范围,在"版式"选项卡中完成对页眉和页脚的设置,如图3-26、图3-27所示。

图3-26 "页边距"选项卡

图3-27 "版式"选项卡

3.设置页眉和页脚,奇数页页眉与页脚右对齐,编辑奇数页页眉名称,页脚处插入页码,偶数页页眉与页脚左对齐,其余操作相同,奇数页、偶数页页眉可以不同。

操作步骤:

单击"插入"选项卡|"页眉和页脚"组|"页眉"下拉框中"编辑页眉"命令,编辑页眉和设置页眉对齐方式,设置页脚的方法类似,如图3-28所示。

图3-28 设置页眉和页脚

4.设置标题格式,一级标题二号字、黑体、居中,段间距上下各1行;二级标题为小四号字、黑体，首行缩进两个字符；三级标题小四号字、宋体，首行缩进两个字符。

操作步骤：

(1)光标定位在一级标题所在段落，在"样式"窗格中单击"标题 1"右侧下拉框中"修改"命令，打开"修改样式"对话框，完成字体设置，如图 3-29 所示。

图 3-29 "修改样式"对话框

(2)单击"修改样式"对话框|"格式"下拉框中"段落"命令，打开"段落"对话框，完成段落设置，如图 3-30 所示。二级标题、三级标题设置方法类似。

图 3-30 "段落"对话框

5.设置正文样式,中文为五号字、宋体,英文为五号字、Times New Roman 字体,各段行首缩进两个字符。

6.设置表格样式,表的序号和表的名称写在表格上方、居中,表的序号和表的名称间加一个空格,表的序号和表的名称五号字、黑体,表格内中文用五号字、宋体,英文用五号字、Times New Roman 字体。

7.设置图例样式,图的序号和图的名称写在表格下方、居中,图的序号和图的名称间加一个空格,图的序号和图的名称五号字、黑体。

8.添加 3 级目录。

操作步骤:

(1)光标定位在目录所在位置后,单击"引用"选项卡|"目录"组|"目录"下拉框中"插入目录"命令,打开"目录"对话框,如图 3-31 所示。

(2)在对话框中完成添加目录的操作。

说明 自动生成目录不仅节约了大量时间,还可以通过更新域自动更新。

图 3-31 "目录"对话框

进一步提高

1.插入分隔符。

操作步骤:

光标定位于目录后新节的段首位置,单击"页面布局"选项卡|"页面设置"组|"分隔符"下拉框|"分节符"|"下一页"命令,插入分节符,在下一页开始新节,如图 3-32 所示。

图 3-32　插入分节符操作

2．章节标题自动编号。

操作步骤：

（1）选择需要自动编号的章节标题，如"标题1"，在"样式"窗格中单击"标题1"右侧下拉框中"修改"命令，打开"修改样式"对话框，单击"修改样式"对话框|"格式"下拉框中"编号"命令，打开"编号和项目符号"对话框，如图 3-33 所示。

（2）单击"定义新编号格式"命令，打开"定义新编号格式"对话框，如图 3-34 所示，确定编号样式后在编号格式的"1"的前后添加"第"和"章"，确定后完成自动编号，若原章节处已输入如"第 1 章"，需要删除。

图 3-33　"编号和项目符号"对话框

图 3-34　"定义新编号格式"对话框

3.插入脚注和尾注。

操作步骤：

(1)光标定位于需要插入脚注的地方,单击"引用"选项卡|"脚注"组中命令按钮 ,打开"脚注和尾注"对话框,如图 3-35 所示。

图 3-35　"脚注和尾注"对话框

(2)单击"插入"命令按钮后编辑脚注,如图 3-36 所示,插入尾注的方法类似,脚注一般在页面底端,尾注一般在文档结尾处。

图 3-36　编辑脚注

实验 4　邮件合并及打印

实验目的

1.了解 Word 2010 邮件合并的含义。

2. 熟悉 Word 2010 邮件合并操作的适用范围。
3. 掌握 Word 2010 邮件合并操作的步骤和过程。

实验任务

1. 创建数据源。
2. 将数据源合并到新文档。

实验内容与步骤

【例文,仅供参考】

1. 新建一个文档,按例文内容输入文字(合并域不输入),命名为"运动会荣誉证书主文档.docx",保存在桌面上。

2. 建立数据源。

操作步骤:

(1) 在新建的 Word 文档或 Excel 表格中建立表格(本例为 word 文档),包含姓名、性别、组别、项目、名次 5 列。

(2) 录入运动会学生获奖信息,命名为"运动会荣誉证书数据.docx",保存在桌面上。

3. 将数据源合并到主文档。

操作步骤:

(1) 单击"邮件"选项卡|"开始邮件合并"组|"开始邮件合并"下拉框中"普通 Word 文档"命令,如图 3-37 所示。

图 3-37 开始邮件合并操作

(2) 单击"邮件"选项卡|"开始邮件合并"组|"选择收件人"下拉框中"使用现有列表"命令按钮,打开"选取数据源"对话框,如图 3-38 所示,打开"运动会荣誉证书数据.docx"。

(3) 在"运动会荣誉证书主文档.docx"相应位置插入"邮件"选项卡|"编写和插入域组"|"插入合并域"下拉框中 5 个字段,插入合并域。

4. 合并到新文档。

操作步骤:

(1) 单击"邮件"选项卡|"完成"组|"完成并合并"下拉框中"编辑单个文档"命令,打开"合并到新文档"对话框,如图 3-39 所示。

图 3-38 "选取数据源"对话框

(2)在对话框中可选择合并全部或部分文档,完成主文档、数据源合并到新文档。

5.打印文档。

操作步骤:

查看新文档无误后,打印新文档,注意保存。

图 3-39 "合并到新文档"对话框

进一步提高

1.电子邮件合并。

操作步骤:

(1)正确设置 Microsoft Office Outlook 2010 程序。

说明 电子邮件合并 Word 调用的是 Microsoft Office Outlook 2010 程序。

(2)建立主文档,设置主文档类型。新建一个文档,单击"邮件"选项卡|"开始邮件合并"组|"开始邮件合并"下拉框中"电子邮件"命令,设置主文档类型,录入内容,命名为"电子邮件主文档.docx",保存在桌面上。建立数据源、将数据源合并到主文档步骤与前面所述一致,这里不再一一叙述。

(3)合并到新文档。单击"邮件"选项卡|"完成"组|"完成并合并"下拉框中"发送电子邮件"命令,打开"合并到电子邮件"对话框,如图 3-40 所示,设置好后单击"确定"命令按钮后完成合并,Microsoft Office Outlook 2010 程序自动打开,一封一封发送邮件。

图 3-40 "合并到电子邮件"对话框

习题 3

一、单项选择题

1. 在 Word 中,如果要用某段文字的字符格式去设置另一段文字的字符格式,而不是复制其文字内容,可使用常用工具栏中的_____按钮。
   A. 格式选定　　　　B. 格式刷　　　　C. 格式工具框　　　　D. 复制

2. 在 Word 文档中,每一个段落都有一个段落标记,段落标记的位置在_____。
   A. 段首　　　　　　B. 段尾　　　　　　C. 段中　　　　　　D. 每行末尾

3. 当用拼音法来输入汉字时,经常要用到"翻页"从多个同音字中选择,"翻页"用到的两个键分别为_____。
   A. "＜"和"＞"　　　B. "－"和"＋"　　　C. "["和"]"　　　D. "Home"和"End"

4. 在 Word 中,要实现插入状态和改写状态的切换,可以使用鼠标_____状态栏上的"改写"或"插入"。
   A. 单击　　　　　　B. 双击　　　　　　C. 右击　　　　　　D. 拖动

5. 在 Word 中,下列关于查找、替换功能的叙述,正确的是_____。
   A. 不可以指定查找文字的格式,但可以指定替换文字的格式
   B. 不可以指定查找文字的格式,也不可以指定替换文字的格式
   C. 可以指定查找文字的格式,但不可以指定替换文字的格式
   D. 可以指定查找文字的格式,也可以指定替换文字的格式

6. 在 Word 的编辑状态,已经设置了标尺,可以同时显示水平标尺和垂直标尺的视图方式是_____。
   A. 大纲视图　　　　B. 普通视图　　　　C. 全屏显示　　　　D. 页面视图

7. 在 Word 的编辑状态,选择四号字后,按新设置的字号显示的文字是_____。
   A. 插入点所在的段落中的文字　　　　B. 文档中被选择的文字
   C. 插入点所在行中的文字　　　　　　D. 文档的全部文字

8. 在 Word 的编辑状态下,执行"文件"菜单中的"关闭"命令(非"退出"命令)的目的是_____。
   A. 将正在编辑的文档丢弃
   B. 关闭当前窗口中正在编辑的文档,Word 仍然可使用
   C. 结束 Word 工作,返回到 Windows 桌面
   D. 等同于"文件"菜单中的"退出"命令

9. Word 的文档都是以模板为基础的,模板决定文档的基本结构和文档设置。在 Word 中将_____模板默认设定为所有文档的共用模板。
   A. Normal　　　　　B. Web 页　　　　　C. 电子邮件正文　　　D. 信函和传真

10. 在 Word 中,要撤销最近的一个操作,除了使用菜单命令和工具栏之外,还可以使用快捷键_____。
    A. Ctrl＋C　　　　　B. Ctrl＋Z　　　　　C. Shift＋X　　　　　D. Ctrl＋X

11. 在 Word 中,一个文档有 200 页,定位于 112 页的最快方法是_____。
    A. 用垂直滚动条快速移动文档定位于第 112 页   B. 用向下或向上箭头定位于第 112 页
    C. 用 PgDn 或 PgUp 定位于第 112 页   D. 用"定位"命令定位于 112 页
12. 在 Word 中,选定一行文本的最方便快捷的方法是_____。
    A. 在行首拖动鼠标至行尾   B. 在选定行的左侧单击鼠标
    C. 在选定行位置双击鼠标   D. 在该行位置右击鼠标
13. 下列关于 Word 文档创建项目符号的叙述中,正确的是_____。
    A. 以段落为单位创建项目符号   B. 以选中的文本为单位创建项目符号
    C. 以节为单位创建项目符号   D. 可以任意创建项目符号
14. 在 Word 的编辑状态,当前插入点在表格的任一个单元格内,按 Enter(回车)键后,_____。
    A. 插入点所在的行加高   B. 对表格不起作用
    C. 在插入点下增加一表格行   D. 插入点所在的列加宽
15. 在 Word 中,页码与页眉页脚的关系是_____。
    A. 页眉页脚就是页码
    B. 页码与页眉页脚分别设定,所以二者彼此毫无关系
    C. 不设置页眉和页脚,就不能设置页码
    D. 如果要求有页码,那么页码是页眉或页脚的一部分
16. 从一页中间分成两页,正确的命令是_____。
    A. 插入页码   B. 插入分隔符   C. 插入自动图文集   D. 插入图片
17. 对 Word 文档中"节"的说法,错误的是_____。
    A. 整个文档可以是一个节,也可以将文档分成几个节
    B. 分节符由两条点线组成,点线中间有"节的结尾"4 个字
    C. 分节符在 Web 视图中不可见
    D. 不同节可采用不同的格式排版
18. 在 Word 中,若想控制一个段落的第一行的起始位置缩进两个字符,应在"段落"对话框设置_____。
    A. 悬挂缩进   B. 首行缩进   C. 左缩进   D. 首字下沉
19. 在 Word 中,不能对普通文字设置_____效果。
    A. 加粗倾斜   B. 加下划线
    C. 立体字   D. 文字倾斜与加粗
20. Word 的文本框可用于将文本置于文档的指定位置,但文本框中不能插入_____。
    A. 文本内容   B. 图形内容   C. 声音内容   D. 特殊符号
21. 若将在其他软件中制作的图片复制到当前 Word 文档中,下列说法中正确的是_____。
    A. 不能将其他软件中制作的图片复制到当前 Word 文档中
    B. 可通过剪贴板将其他软件中制作的图片复制到当前 Word 文档中
    C. 可以通过鼠标直接从其他软件中将图片移动到当前 Word 文档中
    D. 不能通过"复制"和"粘贴"命令来传递图形

22. 在 Word 文档中,如果想精确地指定表格单元格的列宽,应_____。
    A. 使用鼠标拖动表格线　　　　　　　B. 使用鼠标拖动标尺上的"移动表格列"
    C. 使用"表格"菜单中的"表格属性"对话框　　D. 通过输入字符来控制
23. 在 Word 中执行粘贴操作时,粘贴的内容_____。
    A. 只能是文字　　　　　　　　　　　B. 只能是图片
    C. 只能是表格　　　　　　　　　　　D. 文字、图片和表格都可以
24. 在 Word 提供的表格操作功能中,不能实现的操作是_____。
    A. 删除行　　　　B. 删除列　　　　C. 合并单元格　　　　D. 旋转单元格
25. 在 Word 中,选定文本后,_____拖动鼠标到目标位置可以实现文本的复制。
    A. 按 Ctrl 键同时　　　　　　　　　B. 按 Shift 键同时
    C. 按 Alt 键同时　　　　　　　　　　D. 不按任何键
26. 在 Word 中,除利用菜单命令改变段落缩排方式、调整左右边界等外,还可直接利用_____改变段落缩排方式、调整左右边界。
    A. 工具栏　　　　B. 格式栏　　　　C. 符号栏　　　　D. 标尺
27. 在 Word 中,可以插入数学公式,在使用公式编辑器编辑的公式需要修改时,_____进行修改。
    A. 双击公式对象　　B. 单击公式对象　　C. 直接　　　　D. 不能
28. 在 Word 中,要求在打印文档时每一页上都有页码,_____。
    A. 已经由 Word 根据纸张大小分页时自动加上
    B. 应当由用户执行"插入"菜单中的"页码"命令加以指定
    C. 应当由用户执行"文件"菜单中的"页面设置"命令加以指定
    D. 应当由用户在每一页的文字中自行输入

二、多项选择题

1. 在 Word 中,下列关于查找与替换操作的叙述,正确的有_____。
    A. 查找与替换内容不能是特殊格式文字
    B. 查找与替换不能对段落格式进行操作
    C. 能查找并替换段落标记、分页符
    D. 查找与替换可以对指定格式进行操作
2. Word 中表格具有_____功能。
    A. 在表格中支持插入子表
    B. 在表格中支持插入图形
    C. 绘制表头斜线
    D. 整体改变表格大小和移动表格位置的控制手柄
3. 在 Word 中,通过"页面设置"可以直接完成_____设置。
    A. 页边距　　　　　　　　　　　　　B. 纸张大小
    C. 打印页码范围　　　　　　　　　　D. 纸张的打印方向
4. 下述有关 Word 中的分栏功能的叙述,正确的是_____。
    A. 最多可以分两栏　　　　　　　　　B. 栏间距固定不可修改
    C. 栏间距是可以调整的　　　　　　　D. 各栏宽度可以不同

5. 在 Word 图形与文本混排时,文字可以有多种形式环绕于图形,以下属于 Word 中文字环绕方式有_____。
   A. 四周型   B. 穿越型   C. 上下型   D. 左右型
6. 在 Word 中,下列有关"间距"的叙述,正确的有_____。
   A. 在"字体"命令中,可设置"字符间距"
   B. 在"段落"命令中,可设置"字符间距"
   C. 在"段落"命令中,可设置"行间距"
   D. 在"段落"命令中,可设置"段落前后间距"
7. 在 Word 中,下列关于页眉页脚的叙述正确的有_____。
   A. 能同时编辑页眉/页脚窗口和文档窗口中的内容
   B. 可以使奇数页和偶数页具有不同的页眉、页脚
   C. 用户设定的页眉、页脚在大纲视图方式下无法显示
   D. 用户设定的页眉、页脚必须在页面视图方式中才能看见
8. 在 Word 中,有关样式的叙述正确的是_____。
   A. 样式就是应用于文档中的文本、表格和列表的一套格式特征
   B. 使用样式能够提高文档的编辑排版效率
   C. 样式能够自动录入文字
   D. 样式一经生成不能修改
9. 下列有关 Word 格式刷的叙述中,错误的是_____。
   A. 格式刷能复制纯文本的内容
   B. 格式刷只能复制字体格式
   C. 格式刷只能复制段落格式
   D. 格式刷可以复制字体格式,也可以复制段落格式
10. 在 Word 文档中,可以插入的分隔符有_____。
    A. 分页符   B. 分栏符   C. 换行符   D. 分节符
11. 在 Word 中,图片的文字环绕方式有_____。
    A. 嵌入型   B. 四周型   C. 紧密型   D. 松散型
12. 在 Word 中,能编辑的文件类型有_____。
    A. .TXT   B. .DOC   C. .DOT   D. .EXE
13. 在 Word 中,修改页眉和页脚可以通过_____实现。
    A. 菜单中的"页眉和页脚"命令   B. 菜单中的"样式"命令
    C. 文件菜单中的"页面设置"命令   D. 双击文档中的页眉和页脚位置
14. 在 Word 中进行段落对齐,正确的操作有_____。
    A. 利用"编辑"菜单
    B. 利用"格式"工具栏上的"段落对齐"按钮
    C. 利用菜单中的"段落"命令,在弹出的"段落"对话框中设置对齐方式
    D. 利用标尺
15. 在 Word 中,可以对_____加边框。
    A. 选定文本   B. 段落   C. 表格   D. 图片

单元 4
Excel 2010 的操作

实验 1　Excel 2010 的基本操作

实验目的

1. 掌握创建、保存、关闭、打开 Excel 2010 工作簿文件和 Excel 工作表的方法。
2. 掌握在 Excel 2010 工作表中输入数据的方法。
3. 掌握 Excel 2010 工作表的编辑方法。
4. 掌握 Excel 2010 工作表的格式化。

实验任务

1. 创建新工作簿，对工作表进行重命名，并对该工作簿进行保护。
2. 在工作簿中输入数据，对单元格区域的数据进行数据有效性设置。
3. 对工作表的行和列进行插入、删除操作。
4. 对工作表的行高、列宽、字体、字号、边框进行设置。
5. 对单元格区域的数据进行条件格式的设置。

实验内容与步骤

1. 在 D 盘上建立一个名称为"Excel 实训"的文件夹，在文件夹中创建一个名称为"成绩表.xlsx"的 Excel 工作簿，将"Sheet1"工作表更名为"成绩表"，给工作簿设置密码"123"，为了验证密码保护效果，关闭该工作簿后再打开。

操作步骤：

(1) 在 D 盘上建立一个名称为"Excel 实训"的文件夹。

(2) 启动 Excel 2010，建立一个空工作簿，单击"快速访问工具栏"上"保存"按钮，弹出"另存为"对话框，在"保存位置"下拉列表框中选择"Excel 实训"列表项，在"文件名"文本框中键入"成绩表"，单击"保存"按钮，Excel 2010 会自动给工作簿添加扩展名.XLSX 并存盘。

(3) 用鼠标双击"Sheet1"工作表标签，输入"成绩表"，按回车键，完成工作表重命名，新的工作表名出现在标签上。

说明 工作表标签重命名,可以右击"Sheet1"工作表标签,选择重命名快捷菜单,输入"成绩表"。

(4)在"文件"选项卡中选择"另存为"命令,在弹出的"另存为"对话框中,单击"工具"下拉框中"常规选项",如图 4-1 所示。

图 4-1 "另存为"对话框

(5)在弹出的"常规选项"对话框中的"打开权限密码"输入框中键入口令"123",再在"修改权限密码"输入框中键入口令"123",如图 4-2 所示。

(6)单击"确定"按钮。在"确认密码"对话框中再输入一遍刚才键入的口令,然后再单击"确定"按钮。

(7)单击"另存为"对话框中的"确定"按钮,关闭工作簿。

图 4-2 "常规选项"对话框

(8)用鼠标双击"D:\Excel 实训\成绩表.xlsx",打开工作簿,这时会提示输入密码,只有输入密码"123",才能打开该工作簿。

这样,以后每次打开或存取工作簿时,都必须先输入该口令。一般说来,这种保护口令适用于需要最高级安全性的工作簿。口令最多能包括 15 个字符,可以使用特殊字符,并且区分大小写。

说明 工作簿密码设置也可以在"文件"选项卡中,选择"信息"选项,点击"保护工作簿"按钮,在打开的选项中选择"用密码进行加密"。

2.打开"成绩表.xlsx"工作簿,在"成绩表"工作表中输入下列数据。输入完成后,如图

4-3所示。对F3:F22单元格区域的数据进行数据有效性设置:整数,范围是0～100。提示信息标题为"平时成绩",提示信息内容为"必须在0～100之间的整数"。

《计算机应用基础》课程学生成绩表

学号	性别	姓名	期中成绩	期末成绩	平时成绩	总评成绩	名次
1401010201	男	吴子轩	62	68	85		
1401010202	男	曹阳	69	70	85		
1401010203	女	方玲	75	78	95		
1401010204	男	李晓帅	69	64	85		
1401010205	女	赵文静	77	50	88		
1401010206	女	吴梅	80	72	90		
1401010207	男	丁子成	73	61	90		
1401010208	男	张思源	68	55	80		
1401010209	女	陈慧慧	92	75	90		
1401010210	男	吴家龙	51	64	90		
1401010211	男	刘昕宇	67	61	90		
1401010213	男	程永恒	55	78	80		
1401010214	男	曹飞飞	62	89	65		
1401010215	女	郑璐	65	73	90		
1401010216	女	汪婷婷	60	58	85		
1401010217	男	王伟	67	70	90		
1401010219	女	王星	76	79	90		
1401010220	女	丁芸	45	58	65		
1401010221	男	柯志斌	66	69	85		
1401010222	男	吴建林	65	73	90		

图 4-3 成绩表数据

操作步骤：

(1)单击 A1 单元格，输入"《计算机应用基础》课程学生成绩表"。

(2)再依次在 A2～H2 单元格内输入"学号"、"性别"、"姓名"、"期中成绩"、"期末成绩"、"平时成绩"、"总评成绩"、"名次"。

(3)选定 F3:F22 单元格区域，单击"数据"选项卡中"数据工具"组中的"数据有效性"命令，弹出"数据有效性"对话框，在"设置"选项卡中"允许"下拉框中选择"整数"，再在"数据"下拉框中选择"介于"，"最小值"框中输入 0，"最大值"框中输入 100，如图 4-4 所示。

图 4-4　"数据有效性"之"设置"对话框

(4)在"数据有效性"对话框中，单击选择"输入信息"选项卡，选定"选定单元格时显示输入信息"复选框，在"标题"框中输入提示信息的标题"平时成绩"，在"输入信息"框中输入要提示的信息"必须在 0－100 之间的整数"，如图 4-5 所示。

图 4-5　"数据有效性"之"输入信息"对话框

(5)在输入错误数据后，希望提示更为明确的信息，如指出应当输入什么类型或大小的数据，可以在"数据有效性"对话框中单击选择"出错警告"选项卡后进行设置，如图 4-6 所示。

(6)在 A3、A4 单元格里分别输入"1401010201"、"1401010202"，选中 A3、A4 单元格，将鼠标移到 A4 单元格右下角的填充柄上，当鼠标变成小的黑"十"字形时，按下鼠标左键并拖动到 A22 单元格，松开鼠标，这时 A5～A22 单元格的内容就填充好了。

说明　当输入的数字大于 15 位时，Excel 将自动改为科学计数法，如输入身份证等超过 15 位的数字时，可先输入单引号"'"，表示随后输入的数字作为文字，不可以计算；或者在输入前单击"开始"选项卡"数字"组下方的命令按钮，打开"设置单元格格式"对话框，在"数字"选项卡分类中选择"文本"选项。

图 4-6 "数据有效性"之"出错警告"对话框

(7)在 F3:F22 单元格区域中输入信息时，便会出现提示信息，如图 4-7 所示。当输入无效数据时，则会显示出错提示，如图 4-8 所示。

图 4-7 设置"输入信息"样例

图 4-8 输入无效数据时提示样例

(8) 依次在 B3:F22 单元格区域,输入相关数据。

说明 当输入分数时,如输入 1/2,则 Excel 自动设置成 1 月 2 日,所以在输入分数时应分数前加"0"和空格。如果在单元格中输入的数据太长,那么单元格中显示的是"######",这时可以适当调整此单元格的列宽。

3. 在"成绩表"工作表的 H 列前插入一列;删除整行与整列;清除单元格的内容;隐藏(显示)行或列。

操作步骤:

(1) 单击 H 列的列表头,选中 H 列,单击"开始"选项卡"单元格"组中的"插入"按钮,在下拉菜单中选择"插入工作表列"选项,即可插入整列,在插入新列中输入"总评等级",如图 4-9 所示。

图 4-9 插入列

说明 在需要插入新列处选定一个单元格后,单击"开始"选项卡"单元格"组中的"插入"按钮,在下拉菜单中选择"插入单元格",打开如图 4-10 所示对话框。在对话框中,选择插入"整列"单选按钮,按"确定"按钮,则在选中的单元格的上左插入新的一列。

图 4-10 "插入"对话框

(2)选定需要删除的行或列,单击"开始"选项卡"单元格"组中的"删除"按钮,在下拉菜单中选择"删除工作表行"或"删除工作表列"。

(3)选中需要清除的单元格或单元格区域,按"Delete"键,或单击"开始"选项卡"编辑"组中的"清除"按钮,在下拉菜单中选择"清除内容"命令。

说明 如果选定单元格后按 Del 或 Backspace 键,Excel 将只清除单元格中的内容,而保留其中的批注和单元格格式。

(4)首先选中需要隐藏的行或列,单击"开始"选项卡"单元格"组中的"格式"按钮,在下拉菜单中打开"隐藏和取消隐藏"选项,选择"隐藏行"或"隐藏列",如图 4-11 所示。若需要重新显示则选中隐藏的行或列(选中隐藏的一行(列)或多行(列)的上下至少 2 行或列)选择

"取消隐藏行"或"取消隐藏列"就能使隐藏的行或列重新显示。

图 4-11 "隐藏和取消隐藏"选项

4. 对"成绩表"工作表进行格式设置,效果如图 4-12 所示。要求将标题"《计算机应用基础》课程学生成绩表"A1～I1 单元格区域合并水平居中、垂直居中,"常规"格式,华文行楷、20 号、加粗,行高 45 磅。在第二行设置字段名格式:楷体、12 号、加粗、红色,水平居中、垂直居中、行高 25 磅,工作表的列宽为"自动调整列宽",底纹为 25%的灰色。设置边框线:设置 A2～I22 单元格区域所在区域边框线,四周为粗线,内部为细线。输入"期末"的数据时,当数据小于 60 时,用红色、加粗倾斜显示。

学号	性别	姓名	期中成绩	期末成绩	平时成绩	总评成绩	总评等级	名次
1401010201	男	吴子轩	62	68	85			
1401010202	男	曹阳	69	70	85			
1401010203	女	方玲	75	78	95			
1401010204	男	李晓帅	69	64	85			
1401010205	女	赵文静	77	50	88			
1401010206	女	吴梅	80	72	90			
1401010207	男	丁子成	73	61	90			
1401010208	男	张思源	68	55	80			
1401010209	女	陈慧慧	92	75	90			
1401010210	男	吴家龙	51	64	90			
1401010211	男	刘昕宇	67	61	90			
1401010213	男	程永恒	55	78	80			
1401010214	男	曹飞飞	62	89	65			
1401010215	女	郑珊	65	73	90			
1401010216	女	汪婷婷	60	58	85			
1401010217	男	王伟	67	70	90			
1401010219	女	王星	76	79	90			
1401010220	女	丁芸	45	58	65			
1401010221	男	柯志斌	66	69	85			
1401010222	男	吴建林	65	73	90			

图 4-12 格式化后的学生成绩表

操作步骤：

(1)选中 A1～I1 单元格区域，单击"开始"选项卡"对齐方式"组下的"合并后居中"命令按钮。

说明 如果需要取消合并，可以再次单击"合并后居中"命令按钮。

(2)选中 A1～I1 单元格区域，在"开始"选项卡"字体"组中选择"字体"列表框 华文行楷 的下拉按钮 设置字体；单击"字号"列表框 20 的下拉按钮 设置字号；单击"加粗"按钮 B 设置字体加粗。单击"开始"选项卡"单元格"组中的"格式"按钮，在下拉菜单中打开"行高"对话框，在行高设置框中输入 45，单击"确定"按钮。

(3)选中 A2～I2 单元格区域，在"开始"选项卡"字体"组中选择字体列表框 楷体 的下拉按钮 设置字体；单击"字号"列表框 12 的下拉按钮 ；单击"加粗"按钮 B 设置字体加粗；单击"字体颜色"按钮 A 设置字体颜色；在"开始"选项卡"对齐方式"组中分别选择"水平居中"按钮 和垂直居中按钮 。单击"开始"选项卡"单元格"组中的"格式"按钮，在下拉菜单中打开"行高"对话框，在行高设置框中输入 25，单击"确定"按钮。单击"开始"选项卡"字体"组中的"填充颜色"按钮 华文行楷 ，选择颜色灰色 25%，如图 4-13 所示。

图 4-13 25%灰色底纹填充

(4)选择 A～I 列，再打开"开始"选项卡 "单元格"组中的"格式"按钮，在下拉菜单中选项"自动调整列宽"选项。

(5)选择 A2～I22 单元格区域，单击"开始"选项卡"字体"组下的命令按钮 ，打开"设置单元格格式"对话框，在"边框"选项卡的线条中选择粗线，再单击预设中的"外边框" ，在线条中选择细线，再单击预设中的"内部" ，这时可以在边框中看到边框的样式，如图 4-14 所示。

图 4-14 "填充单元格格式"之"边框"对话框

说明 也可以选中需要设置格式的单元格后单击鼠标右键,弹出快捷菜单后选择设置单元格格式命令。

(6)选择 E3~E22 单元格区域,单击"开始"选项卡"样式"组中"条件格式"按钮,打开下拉菜单,选择"突出显示单元格规则"下的其他规则命令,打开"新建格式规则"对话框,在"只为包含以下内容的单元格设置格式"下选择"单元格值",在其右侧的下拉框中选择"小于"并在最右侧的输入框中输入"60"。单击"格式"按钮,打开"设置单元格格式"对话框,在"字体"选项卡中选择颜色"红色",字形"加粗倾斜",单击"确定"按钮返回条件格式。再单击"新建格式规则"对话框中的"确定"按钮完成设置,如图 4-15 所示。

图 4-15 "新建格式规则"对话框

实验 2 编辑数据表

实验目的

1. 掌握 Excel 2010 公式的使用和复制方法。
2. 掌握 Excel 2010 函数的使用和复制方法。
3. 掌握 Excel 2010 中数字格式的设置。
4. 掌握 Excel 2010 工作簿中插入新工作表,工作表复制的方法。

实验任务

1. 利用公式对 Excel 2010 工作表中的数据进行计算。
2. 利用函数对 Excel 2010 工作表中的数据进行计算。
3. 添加工作表,将已有工作表内容复制到新工作表中。
4. 对 Excel 2010 中的数字进行格式设置。

实验内容与步骤

1. 对"成绩表"进行以下计算:

计算总评成绩:总评成绩 = 期中*30% + 期末*40% + 平时*30%。

计算期末成绩平均分:在 A23 单元格中输入"期末成绩平均分",计算所有学生的期末成绩平均值,结果放置在 E23 单元格。

计算期末成绩最高值:在 A24 单元格中输入"期末成绩最高分",计算所有学生的期末成绩最大值,结果放置在 E24 单元格。

计算期末成绩最低分:在 A25 单元格中输入"期末成绩最低分",计算所有学生的期末成绩最小值,结果放置在 E25 单元格。

计算名次:根据总评成绩给学生进行排名。

计算总评等级:总评成绩大于等于 60 分的总评等级为合格,小于 60 分的总评等级为不合格。

操作步骤:

(1)选中 G3 单元格,输入公式"=D3*30% + E3*40% + F3*30%",按"Enter"键,便计算出了"吴子轩"的总评成绩。选中 G3 单元格,鼠标指针指向 G3 单元格的右下角,当鼠标指针变成"+"字形后,按住鼠标左键向下拖动鼠标,将复制公式到 G4:G22 单元格区域中,相应单元格会进行自动调整(如 G4 单元格中的公式自动变成"=D4*30% + E4*40% + F4*30%",G5 单元格中的公式自动变换为"=D5*30% + E5*40% + F5*30%")。计算后结果如图 4-16 所示

图 4-16 公式的使用

说明 也可以先选中要计算的单元格区域,再输入公式,当公式输入完后,按住"Ctrl+

Enter"键,这样单元格区域里的所有计算都完成了。

(2)单击 A23 单元格,输入"期末成绩平均值"。选中 E23 单元格,单击编辑栏左边的按钮 f_x,或单击"公式"选项卡"函数库"组下"插入函数"命令,打开"插入函数"对话框,在"函数分类"列表框中选择"常用函数"选项,在"选择函数"下拉列表框中选择"AVERAGE"选项,然后单击"确定"按钮,如图 4-17 所示。在"函数参数"对话框中的"Number1"文本框中单击参数框右侧的折叠按钮,可将对话框折叠,在显露出的工作表中选择 E3:E22 单元格区域,再单击折叠后的输入框右侧的"返回"按钮,恢复参数输入对话框,然后单击"确定"按钮,如图 4-18 所示。

图 4-17 "插入函数"对话框

图 4-18 "函数参数"对话框

说明 对于不同区域的数字计算平均值,可以按住 Ctrl 键分别先取。

(3)单击 A24 单元格,输入"期末成绩最高分"。选中 E24 单元格,在"编辑栏"中单击"插入函数"按钮 f_x,弹出"插入函数"对话框,在"函数分类"列表框中选择"常用函数"选项,在"选择函数"下拉列表框中选择"MAX"选项,然后单击"确定"按钮,在"函数参数"对话框中的"Number1"文本框中输入"E3:E22",单击"确定"按钮。

(4)单击 A25 单元格,输入"期末成绩最低分"。选中 E25 单元格,在"编辑栏"中输入"=MIN(E3:E22)",单击 ✓ 按钮。

(5)单击 I3 单元格,在"编辑栏"中单击"插入函数"按钮 f_x,弹出"插入函数"对话框,在搜索函数中输入"RANK",单击"转到"按钮,则可在"选择函数"下拉列表框中显示 RANK 函数。选择"RANK"选项,然后单击"确定"按钮,在打开的"函数参数"对话框中的"Number"文本框中单击参数框右侧的折叠按钮,可将对话框折叠,在显露出的工作表中选择 G3 单元格,再单击折叠后的输入框右侧的"返回"按钮,恢复参数输入对话框。在"Ref"文本框中输入 \$G\$3:\$G\$22,在"Order"文本框中可根据具体要求选择升序还是降序(如果为 0 或忽略为降序,非零值为升序),最后单击"确定"按钮。选中 I3 单元格,按下鼠标左键拖动单元格右下角的填充柄,使之向下填充"名次"数据列。

说明　因为确定数据的排名是在规定区域内进行查找的,所以用到绝对引用。

(6)单击 H3 单元格,在"编辑栏"中单击"插入函数"按钮 f_x,弹出"插入函数"对话框,在"函数分类"列表框中选择"常用函数"选项,在"选择函数"下拉列表框中选择"IF"选项,然后单击"确定"按钮,在"函数参数"对话框中的"Logical"文本框中输入"G3>=60",在"Value_if_true"文本框中输入"合格",在"Value_if_false"文本框中输入"不合格",最后单击"确定"按钮。选中 H3 单元格,按下鼠标左键拖动单元格右下角的填充柄,使之向下填充"总评等级"数据列,如图 4-19 所示。

图 4-19　函数的使用

2.在"成绩表.xlsx"工作簿中分别添加"数字格式"、"自动筛选"、"自定义筛选"、"高级筛选"、"分类汇总"、"数据透视表"6 个工作表。

操作步骤:

(1)选择"开始"选项卡"单元格"组中的"插入"的下拉按钮,单击"插入工作表"菜单命令,就会在当前工作表之前插入一个新工作表。

说明　单击工作表标签"成绩表"后的"插入工作表"标识,可以插入一张工作表,用快捷键"Shift+F11"也可以实现新建工作表功能,还可以右击"成绩表",在快捷菜单中单击"插入"选项,则出现"插入"对话框,在"常用"标签下,选择"工作表"即可在左边插入一个新工作表。

(2)在"成绩表"工作表中复制 A1:I22 单元格区域,单击新建的"Sheet1"工作表,选中 A1 单元格,右击鼠标,选择"粘贴",适当调整工作表的行高和列宽。右击"Sheet1"工作表标签,选择"重命名",将工作表重命名为"数字格式"。

(3)选中"数字格式"工作表标签,按住 Ctrl 键拖动,至"数字格式"工作表标签后释放鼠标按键,这时复制一个新的工作表"数字格式 2",将新工作表重命名为"排序"。

(4)选中"数字格式"工作表标签,单击鼠标右键,在弹出的快捷菜单中单击"移动或复制工作表"命令,打开"移动或复制工作表"对话框,选中"建立副本"复选框,如图 4-20 所示。在"下列选定工作表之前"列表框中,单击"移至最后",确定即可。将新复制的工作表重命名为"自动排序"。

图 4-20 "移动或复制工作表"对话框

说明 以上操作也可以选择"开始"选项卡"单元格"中的"格式"下拉按钮,在打开的下拉菜单中单击"移动或复制工作表"选项完成。

(5)通过工作表的复制,再复制 5 个工作表,依次重命名为"自动筛选"、"自定义筛选"、"高级筛选"、"分类汇总"、"数据透视表",如图 4-21 所示。

图 4-21 "复制"、"重命名"后的工作簿

3.在"数字格式"工作表中将"学号"列设置成文本格式,"期末成绩"列设置成"数值",一位小数位数。在 H23 单元格输入当前日期,将其设置成"年月日"的格式。

操作步骤:

(1)打开"数字格式"工作表,选中 A3:A22 单元格区域,单击"开始"选项卡"字体"组下的命令按钮,打开"设置单元格格式"对话框,选择"数字"选项卡,在"分类"列表框中选择"文本",单击"确定"按钮即可,如图 4-22 所示。

图 4-22 "单元格格式"之"文本"对话框

(2)选中 E3:E22 单元格区域,单击"开始"选项卡"字体"组下的命令按钮,打开"设置单元格格式"对话框,选择"数字"选项卡,在"分类"列表框中选择"数值",在"小数位数"框中输入 1,单击"确定"按钮即可,如图 4-23 所示。

图 4-23 "单元格格式"之"数值"对话框

(3)单击 H23 单元格,按快捷键"Ctrl+;",则显示当前日期,单击"开始"选项卡"字体"组下的命令按钮,打开"设置单元格格式"对话框,选择"数字"选项卡,在"分类"列表框中选择"日期",在"类型"中选择"*2001年3月14日",单击"确定"按钮,如图 4-24 所示。完成后的"数字格式"工作表如图 4-25 所示。

图 4-24 "单元格格式"之"日期"对话框

图 4-25 完成后的"数字格式"工作表

实验 3　Excel 2010 数据管理

实验目的

1. 掌握 Excel 2010 工作表中数据的排序。
2. 掌握 Excel 2010 工作表中数据的筛选。
3. 掌握 Excel 2010 工作表中数据的分类汇总。
4. 掌握 Excel 2010 工作表中数据透视表的使用。

实验任务

1. 在 Excel 2010 工作表中对数据进行排序。
2. 对 Excel 2010 工作表中的数据进行"自动筛选"、"自定义筛选"、"高级筛选"。
3. 对工作表中的数据进行分类汇总。
4. 利用"数据透视表"对数据进行分析。

实验内容与步骤

1. 对工作表中的"性别"按笔画顺序进行升序排列,"性别"相同的按"总评成绩"降序排列。

操作步骤：

(1) 打开"排序"工作表,单击工作表数字区域任意位置,单击"数据"选项卡"排序和筛选"组下的"排序"命令,打开"排序"对话框,在对话框中选择主要关键字为"性别",排序方式是升序,单击"排序"对话框中的"选项"按钮,打开"排序选项"对话框,排序方法下选中"按笔画顺序"单选按钮。

(2) 在"排序"对话框中单击"添加条件"按钮,添加"次要关键字",在"次要关键字"中选择"总评成绩",排序方式是"降序",单击"确定"按钮,如图 4-26 所示。

图 4-26　"排序"之"有标题行"对话框

说明 若将"数据包含标题"前的☑取消,则关键字项按列号显示排序项,如图 4-27 所示。

图 4-27 "排序"之"无标题行"对话框

2. 自定义筛选"女生""期末成绩"小于 60 分的记录;筛选出"总评成绩"最高的前三位同学;在工作表中高级筛选出"女生""总评成绩"大于等于 60 分的记录,条件区域放置在 K2:L3,筛选结果放置在从 A24 单元格开始的区域。

操作步骤:

◆ **自定义筛选**

(1)打开"自定义筛选"工作表,在数据区域内单击"数据"选项卡"排序和筛选"组下的"筛选"命令,Excel 便把数据清单中的每个列标记的右边插入了一个下拉式按钮。

(2)单击"性别"右边的下拉箭头[▼],会出现一个下拉式列表,如图 4-28 所示。在下拉式列表中选择"女",单击"确定"按钮。

图 4-28 对工作表进行自动筛选

(3)单击"期末成绩"右边的下拉箭头,在下拉式列表中选择"数字筛选"项下的"自定义筛选"项,打开"自定义自动筛选方式"对话框,在对话框中输入筛选条件:"期末成绩"小于60,单击"确定"按钮,如图4-29所示。筛选结果如图4-30所示。

图4-29 "自定义自动筛选方式"对话框

图4-30 自定义筛选样例

◆ 自动筛选

(1)打开"自动筛选"工作表,在数据区域内单击"数据"选项卡"排序和筛选"组下的"筛选"命令,Excel便把数据清单中的每个列标记的右边插入了一个下拉式按钮。

(2)单击"总评成绩"右边的下拉箭头,会出现一个下拉式列表,在下拉列表"数字筛选"下选择"10个最大的值"项,打开"自动筛选前10个"对话框,在对话框中输入筛选条件显示最大的3项,如图4-31所示。

图4-31 "自动筛选前10个"对话框

(3)单击"确定"按钮。筛选结果如图4-32所示。

图4-32 自动筛选前3个样例

◆ **高级筛选**

（1）打开"高级筛选"工作表，在 K2 单元格输入"性别"，L2 单元格输入"总评成绩"，在 K3:L3 单元格区域内分别输入"女"，">=60"。

（2）单击"数据"选项卡"排序和筛选"组下的"高级"选项，打开"高级筛选"对话框。

（3）在"高级筛选"对话框"方式"中选择"将筛选结果复制到其他位置"，在"列表区域"框中输入或利用折叠按钮选择数据区域 A2:I22，在"条件区域"框中输入或利用折叠按钮选择条件区域 K2:L3，在"复制到"框中输入或利用折叠按钮选择筛选结果开始放置的单元格 A24，如图 4-33 所示。

图 4-33 "高级筛选"对话框

（4）单击"确定"按钮。筛选结果如图 4-34 所示。

图 4-34 高级筛选样例

3. 按"性别"对"期末成绩"和"总评成绩"的平均分进行分类汇总。

操作步骤：

（1）打开"分类汇总"工作表，单击"性别"所在列任一个单元格。

（2）单击"数据"选项卡"排序和筛选"组下的升序按钮，对"性别"字段进行排序。

（3）光标放置在数据清单中任一个单元格，单击"数据"选项卡"分级显示"中的"分类汇总"命令，打开"分类汇总"对话框。

（4）在"分类汇总"对话框中打开"分类字段"下拉列表框，从中选择"性别"数据列。

（5）打开"汇总方式"中的下拉列表框，选择所需的用于计算分类汇总的函数"平均值"。在"选定汇总项"列表框中，选择需要汇总计算的数值列"期末成绩"和"总评成绩"所对应的复选框，如图 4-35 所示。

（6）单击"确定"按钮后，完成分类汇总，如图 4-36 所示。

图 4-35　"分类汇总"对话框

图 4-36　分类汇总样例

说明　在进行分类汇总时，Excel 会自动对列表中数据进行分级显示，在工作表窗口左边会出现分级显示区，列出一些分级显示符号，允许对数据的显示进行控制。

在默认情况下，数据按三级显示，可以通过单击工作表左侧的分级显示区上方的 1、2、3 三个按钮进行分级显示控制。在图 4-36 中，单击 1 按钮，工作表中将只显示列标题和总计结果;单击 2 按钮工作表中将显示各个分类汇总结果和总计结果;单击 3 按钮将显示所有的详细数据。分级显示区中有 +、- 分级显示按钮。+ 表示单击该按钮,工作表中数据的显示由高一级向低一级展开;- 表示单击该按钮,工作表中数据的显示由低一级向高一级折叠。

当不需要分类汇总表时,单击"数据"菜单下的"分类汇总"命令,在打开的"分类汇总"对话框中单击"全部删除"按钮,恢复工作表。

4. 创建一个"数据透视表",要求:按"性别",汇总男女生"总评成绩"的平均值以及根据"性别"来计数统计男女生人数。

操作步骤:

(1)在"数据透视表"工作表中单击数据区域中的任意一个单元格,在"插入"选项卡的"表格"组中单击"数据透视表"选项,打开"创建数据透视表"对话框。

(2)在对话框中系统会自动选择数据区域,也可以在"选择一个表或区域"中选择需要的区域。在"选择放置数据透视表的位置"选项组中选择"现有工作表"单选按钮,位置栏中选择 K3 单元格,单击"确定"按钮,如图 4-37 所示。

图 4-37 "创建数据透视表"对话框

(3)此时工作表的右侧显示出"数据透视表字段列表"任务窗格。在任务窗格中进行如下布局设置:选择"性别"字段并按下鼠标左键将字段拖到"行标签"区域中,再分别将"总评成绩"、"性别"字段手动到"Σ数值"区域中,如图 4-38 所示。

图 4-38 添加数值选项

（4）因为"总评成绩"自动生成求和，所以要改成求平均值，具体步骤如下：单击"数据透视表字段列表"的"数值"中的"求和项：总评成绩"字段，系统会弹出菜单，选择"值字段设置"菜单项，弹出"值字段设置"对话框，在对话框中从"值汇总方式"中选择计算类型为：平均值，如图4-39所示。单击"确定"按钮，完成数据透视表的创建，如图4-40所示。

图4-39 "值字段设置"对话框

图4-40 创建完成的数据透视表

说明 只有将活动单元格放置在数据透视表的数据区域中，"数据透视表字段列表"任务窗格才会出现。在"数据透视表字段列表"任务窗格中，也可以在"选择要添加到报表的字段"列表框中拖动相关字段来改变行、列标签以及数值选项。

实验 4　使用图表分析表格数据

实验目的

1. 掌握 Excel 2010 图表的创建。
2. 掌握 Excel 2010 图表的编辑和格式化。
3. 掌握 Excel 2010 迷你图的创建。

实验任务

1. 在 Excel 2010 中创建图表。
2. 在 Excel 2010 工作表中对图表进行编辑。
3. 对 Excel 2010 图表进行格式化。
4. 在 Excel 2010 工作表中创建迷你图。

实验内容与步骤

1. 在"成绩表"工作表中对女同学的"平时成绩"和"总评成绩"记录建立一个三维簇状柱形图;分类轴为:"学号";数值轴为:"平时成绩"和"总评成绩";图表标题为:"女学生成绩统计图";分类轴标题:"学号";数值轴标题:"成绩";图例位置:底部。

操作步骤:

(1)打开"成绩表"工作表,单击"性别"所在列任一个单元格,再单击"数据"选项卡"排序和筛选"组中降序按钮 ![降序] ,对"性别"字段进行排序。

(2)选择"插入"选项卡"图表"组"柱形图"下拉按钮,在下拉菜单中选择"三维簇状柱形图"图表类型,如图 4-41 所示。

图 4-41　插入图表

(3)选择生成的空白图表,单击"设计"选项卡"数据"组"选择数据"命令,打开"选择数据源"对话框,在"图表数据区域"文本框中利用折叠按钮选择单元格区域"=成绩表!＄E＄2：＄E＄10",再按住 Ctrl 键选择"成绩表!＄G＄2：＄G＄10"。在"水平(分类)轴标签"中单击"编辑"按钮,选择水平轴标签区域"=成绩表!＄A＄2：＄A＄10",如图 4-42 所示。单击"确定"按钮,完成图表的创建。

图 4-42 选择数据源

(4)单击图表任意位置,选择"布局"选项卡"标签"组"图表标题"下拉按钮,在下拉菜单中选择"图表上方"选项,则会在图表上方出现"图表标题"文本框,在文本框中输入"女学生成绩统计图"。

(5)单击图表任意位置,选择"布局"选项卡"标签"组"坐标轴标题"下拉按钮,首先在下拉菜单中选择"主要横坐标轴标题"下的"坐标轴下方标题"选项,则会在图表下方出现"坐标轴标题"文本框,在文本框中输入"学号",然后再选择"主要纵坐标轴标题"下的"竖排标题"选项,则会在图表左方出现"坐标轴标题"文本框,在文本框中输入"成绩"。

(6)继续选择"布局"选项卡"标签"组"图例"下拉按钮,在下拉菜单中选择"在底部显示图例",则图例移动到图表的下方,经过设置完成后的图表如图 4-43 所示。

图 4-43 设置完成后的图表

2.改变"女学生成绩统计图"图表的大小;将图例改放在"靠右";将原有图表类型改为"簇状柱形图";将"期中成绩"项添加到图表中。

操作步骤:

(1)改变图表的大小:单击图表,拖动左右边框的控制点,扩大或缩小图表,使得图表显示完整美观。

(2)修改图例位置:单击插入的图表,选择"布局"选项卡"标签"组"图例"下拉按钮,在下拉菜单中选择"在底部显示图例",则图例移动到图表的下方。

(3)改变图表类型:单击插入的图表,在"设计"选项卡"类型"组中单击"更改图表类型",打开"更改图表类型"对话框,在对话框中选择柱形图,再在右侧的"柱形图"中选择"簇状柱形图",如图4-44所示。单击"确定"按钮后,即可改变图表类型,如图4-45所示。

图4-44 "更改图表类型"对话框

图4-45 改变后的图形

(4)在图表中添加数据:单击插入的图表,在"设计"选项卡"数据"组中单击"选择数据",

打开"选择数据源"对话框,在对话框中单击"图例项"中的"添加"按钮,如图 4-42 所示。弹出"编辑数据系列"对话框,在"系列名称"编辑框中输入"期中考试"名称,然后点击系列值编辑框右边 按钮,回到工作表中添加 D3:D10 单元格区域,如图 4-46 所示。单击"确定"按钮后,图表将根据数据的改变而改变,如图 4-47 所示。

图 4-46 "编辑数据系统"对话框

图 4-47 添加数据后的图形

说明 在图表中删除数据可以直接单击要删除的数据项,右击鼠标,在弹出的快捷菜单中单击"删除"即可。

3. 对完成的"女学生成绩统计图"进行格式化设置,将图表标题设置成隶书、加粗、20 号字体、蓝色。绘图区设置成浅黄色,图表区域设置成白色大理石。"期中成绩"数据系列颜色改成渐变(颜色自动)。

操作步骤:

(1) 选择图表标题,在"开始"选项卡"字体"组中设置字体为隶书、加粗,字号为 20 号字体,字体颜色为蓝色。

(2) 选择图表绘图区域右击鼠标,在弹出的快捷菜单中单击"设置绘图区格式"菜单命令,弹出"设置绘图区格式"对话框,选择"填充"选项,在右边选择"纯色填充",单击填充颜色下拉按钮,选择黄色,单击"确定"按钮完成设置。

(3) 选择图表区域,在"格式"选项卡"形状样式"组中打开"形状填充"下拉按钮,在下拉菜单中选择"纹理",在下级菜单中选择"白色大理石"纹理,如图 4-48 所示。

(4) 在图表"期中成绩"数据系列上右击,在弹出的快捷菜单中单击"设置数据系列格式"菜单命令,弹出"设置数据系列格式"对话框,单击"填充"选项,在右边选择"渐变填充",单击

"确定"按钮完成设置,如图 4-49 所示。

图 4-48 纹理填充

图 4-49 格式化完成后的图形

4. 在"排序"工作表中,根据男同学的"期末成绩"创建一个柱形图迷你图。

操作步骤：

打开"排序"工作表,在 K3 单元格中单击,单击"插入"选项卡"迷你图"组"柱形图"命令。弹出"创建迷你图"对话框,点击数据范围编辑框右 按钮,回到工作表中选择 E3:E14

单元格区域,如图 4-50 所示。单击"确定"按钮完成迷你图创建,如图 4-51 所示。

图 4-50 "创建迷你图"对话框

图 4-51 完成后的迷你图

 习 题 4

一、单项选择题

1. 下列对 Excel 2010 工作表的描述中,正确的是_____。
   A. 一个工作表可以有无穷个行和列   B. 工作表不能更名
   C. 一个工作表就是一个独立存储的文件   D. 工作表是工作簿的一部分

2. 在 Excel 2010 工作表中,不能进行的操作是_____。
   A. 恢复被删除的工作表　　　　　　　　B. 修改工作表名称
   C. 移动和复制工作表　　　　　　　　　D. 插入和删除工作表

3. 启动 Excel 2010,系统会自动产生一个工作簿 Book1,并且自动为该工作簿创建_____张工作表。
   A. 1　　　　　　B. 3　　　　　　C. 8　　　　　　D. 10

4. 在 Excel 2010 中,在单元格内输入数字字符串"201406",下述选项中输入方式正确的是_____。
   A. 201406　　　B. =201406　　　C. '201406　　　D. °201406

5. 在 Excel 2010 中,下列对于日期型数据的叙述错误的是_____。
   A. 日期格式有多种显示格式
   B. 不论一个日期值以何种格式显示,值不变
   C. 日期字符串必须加引号
   D. 日期数值能自动填充

6. 在 Excel 2010 中,当输入的字符串长度超过单元格的长度范围且其右侧相邻单元格为空时,在默认状态下字符串将_____。
   A. 超出部分被截断删除
   B. 超出部分作为另一个字符串存入 B1 中
   C. 字符串显示为＃＃＃＃＃
   D. 继续超格显示

7. 在 Excel 2010 的工作表中,当鼠标的形状变为_____时,就可进行自动填充操作。
   A. 空心粗十字　　B. 向左下方箭头　　C. 实心细十字　　D. 向右上方箭头

8. 在 Excel 2010 工作表中,_____是混合地址引用。
   A. C7　　　　　　B. ＄B＄3　　　　　C. ＄F8　　　　　D. A1

9. 在 Excel 2010 中,为了加快输入速度,在相邻单元格中,输入"二月"到"十月"的连续字符时,可使用_____功能。
   A. 复制　　　　　B. 移动　　　　　　C. 自动计算　　　D. 自动填充

10. 在 Excel 2010 工作表中,A1、A2 单元格中数据分别为 2 和 5,若选定 A1:A2 区域并向下拖动填充柄,则 A3:A6 区域中的数据序列为_____。
    A. 6,7,8,9　　　B. 3,4,5,6　　　C. 2,5,2,5　　　D. 8,11,14,17

11. 在 Excel 2010 单元格中,输入"="DATE"&"TIME""所产生的结果是_____。
    A. DATETIME　　　　　　　　　　　　B. DATE+TIME
    C. 逻辑值"真"　　　　　　　　　　　D. 逻辑值"假"

12. 在 Excel 2010 中,下列公式格式中错误的是_____。
    A. A5=C1*D1　　　　　　　　　　　　B. A5=C1/D1
    C. A5=C1"OR"D1　　　　　　　　　　D. A5=OR(C1,D1)

13. 在 Excel 2010 中,工作表的 D3 单元格中存在公式:"=B3+C3",则执行了在工作表第 2 行插入一新行的操作后,原单元格中的内容为_____。
    A. =B3+C3　　　B. =B4+C4　　　C. 出错　　　　D. 空白

14. 在 Excel 中,若在工作簿 Book1 的工作表 Sheet2 的 C1 单元格内输入公式,需要引用 Book2 的 Sheet1 工作表中 A2 单元格的数据,那么正确的引用格式为_____。
    A. Sheet1!A2　　　　　　　　　　B. Book2!Sheet1(A2)
    C. BookSheet1A2　　　　　　　　　D.［Book2］sheet1!A2

15. 在 Excel 2010 中,正确的说法是_____。
    A. 利用菜单的"删除"命令,可选择删除单元格所在的行或单元格所在的列
    B. 利用菜单的"清除"命令,可以清除单元格中的全部数据和单元格本身
    C. 利用菜单"清除"命令,只可选择清除单元格本身
    D. 利用菜单的"删除"命令,只可以删除单元格所在的行

16. 在 Excel 2010 中,单元格 A1 的数值格式设为整数,当输入"5.08"时,屏幕显示为_____。
    A. 3.08　　　　B. 5.1　　　　C. 5　　　　D. 5.00

17. 已知在 Excel 2010 工作表中,"职务"列的 4 个单元格中的数据分别为"厅长"、"处长"、"科长"和"主任",按字母升序排序的结果为_____。
    A. 厅长、处长、主任、科长　　　　B. 科长、主任、处长、厅长
    C. 处长、科长、厅长、主任　　　　D. 主任、处长、科长、厅长

18. 在 Excel 2010 中,当前工作表的 B1:C5 单元格区域已经填入数值型数据,如果要计算这 10 个单元格的平均值并把结果保存在 D1 单元格中,则要在 D1 单元格中输入_____。
    A. =COUNT(B1:C5)　　　　　　　　B. =AVERAGE(B1:C5)
    C. =MAX(B1:C5)　　　　　　　　　D. =SUM(B1:C5)

19. 在 Excel 2010 中,可以创建各类图表,其中能够显示随时间或类别而变化的趋势线为_____。
    A. 条形图　　　　B. 折线图　　　　C. 饼图　　　　D. 面积图

20. Excel 2010 数据表记录了学生的 5 门课成绩,现要找出 5 门课都不及格的同学的数据,应使用_____命令最为方便。
    A. 查找　　　　B. 排序　　　　C. 筛选　　　　D. 定位

21. 在 Excel 2010 中,为单元格区域指定输入数据的_____可以判断输入数据的正确性。
    A. 数据格式　　　　B. 有效范围　　　　C. 正确格式　　　　D. 字体格式

22. 在 Excel 2010 中,要对一组数值数据求平均值,可以选用的函数是_____。
    A. MAX　　　　B. COUNT　　　　C. AVERAGE　　　　D. SUM

二、多项选择题

1. 在 Excel 2010 中,自动填充功能可完成_____。
    A. 复制　　　　　　　　　　　　　B. 剪切
    C. 按等差序列填充　　　　　　　　D. 按等比序列填充

2. Excel 2010 的"编辑"菜单中的"清除"命令不能_____。
    A. 删除单元格　　　　　　　　　　B. 删除行
    C. 删除列　　　　　　　　　　　　D. 删除单元格的格式

3. 在 Excel 2010 中,下列叙述中正确的有_____。
   A. 移动公式时,公式中单元格引用将保持不变
   B. 复制公式时,公式中单元格引用会根据引用类型自动调整
   C. 移动公式时,公式中单元格引用将作调整
   D. 复制公式时,公式中单元格引用将保持不变

4. 在 Excel 2010 中,有关行高的叙述错误的有_____。
   A. 整行的高度是一样的
   B. 系统默认设置行高自动以本行中最高的字符为准
   C. 行高增加时,该行各单元格中的字符也随之自动增大
   D. 一次可以调整多行的行高

5. 在 Excel 2010 工作表中,正确的单元格地址有_____。
   A. A＄5   B. ＄A5   C. ＄A＄5   D. 5A

6. 在 Excel 2010 单元格中,下列输入公式格式正确的是_____。
   A. ＝SUM(3,4,5)   B. ＝SUM(A1:A6)
   C. ＝SUM(A1;A6)   D. ＝SUM(A1A6)

7. 在 Excel 2010 中,下列关于数据排序的叙述中,正确的有_____。
   A. 可以按指定的关键字递增排序   B. 可以按指定的关键字递减排序
   C. 最多可以指定 3 个关键字排序   D. 可以指定任意多个关键字排序

8. 在 Excel 2010 中,下列关于筛选的叙述中,正确的有_____。
   A. 筛选可仅显示符合条件的数据,其余数据不显示,而未被删除
   B. 筛选包括自动筛选和高级筛选
   C. 筛选和排序本质上是一样的
   D. 进行自动筛选时不能自定义筛选条件

9. 下列对于 Excel 2010 工作表的操作中,能选取单元格区域 A1:C9 的是_____。
   A. 单击 A1 单元格,然后按住 Shift 键单击 C9 单元格
   B. 单击 A1 单元格,然后按住 Ctrl 键单击 C9 单元格
   C. 鼠标指针移动到 A1 单元格,按鼠标左键拖曳到 C9 单元格
   D. 在名称框中输入单元格区域 A1:C9,然后按回车键

10. 在 Excel 2010 中,下列关于分类汇总的叙述,正确的有_____。
    A. 分类汇总前数据必须按关键字字段排序
    B. 分类汇总的关键字段只能是一个字段
    C. 汇总方式只能是求和
    D. 分类汇总可以删除

单元 5　PowerPoint 2010 的使用

实验 1　PowerPoint 2010 的基本操作

实验目的

1. 掌握对幻灯片的基本操作
2. 掌握对幻灯片中文本的编辑及格式化操作
3. 掌握在幻灯片中插入对象的操作
4. 掌握幻灯片的版式设计

实验任务

1. 认识 PowerPoint 2010 界面组成
2. 熟练进行幻灯片的格式设置
3. 认识文本框与占位符的基本操作
4. 创建简单的演示文稿

实验内容与步骤

1. 准备一张本人照片，制作本人的基本情况介绍的幻灯片。

操作步骤：

（1）启动 PowerPoint 2010 以后，系统会自动新建一张"标题"幻灯片空白演示文稿，如图 5-1 所示。

（2）在工作区中，点击"单击此处添加标题"文字，输入标题字符，如"个人情况介绍"，并选中输入的字符，设置字体为华文中宋、字号 80、黑色字体。

图 5-1　PowerPoint 2010 界面

(3)点击"单击此处添加副标题"文字,输入副标题字符(如"2010年～2016年"),仿照上面的方法设置好副标题的格式。标题幻灯片制作完成,效果如图 5-2 所示。

图 5-2　标题幻灯片

说明　在标题幻灯片中,不输入"副标题"字符,并不影响标题幻灯片的演示效果。

如果在演示文稿中还需要一张标题幻灯片,可以这样添加:点击"开始"选项卡,选择"新建幻灯片"选项,在弹出的"Office 主题"中选择某种标题样式,如图 5-3 所示。

图 5-3　幻灯片版式

(4)制作"我的基本情况幻灯片",如图 5-4 所示。

图 5-4　我的基本情况

(5)新建一张幻灯片:在图 5-3 所示的"Office 主题"窗口选择"标题和内容"幻灯片版式,如图 5-5 所示。

图 5-5　幻灯片版式设计

(6)字体设置:在幻灯片顶部的"单击此处添加标题"占位符中输入"我的基本情况",字体设为:宋体、32 号黑色。

(7)在"单击此处添加文本"处添加如图 5-4 所示的学生的姓名、毕业院校、出生日期等基本信息。

(8)项目编号设计:选中基本情况信息,如图 5-6 所示。

图 5-6　项目编号设计

（9）单击"开始"选项卡，选择"项目符号"功能项，弹出如图 5-7 所示的"项目符号和编号"对话框，选择某一种编号样式。

图 5-7　项目符号和编号

如果要设置其他样式的项目编号，可以单击"项目符号和编号"按钮，在弹出的对话框中选择合适的符号，如图 5-8 所示，在该对话框可以选择编号样式，并可以设置编号大小、颜色等。

图 5-8　"项目符号和编号"对话框

在这里选择一种符号样式,选择编号颜色为红色,效果如图 5-9 所示。

图 5-9　项目符号设计

2．向"我的基本情况"幻灯片中插入照片,并对照片添加说明。

(1)选中幻灯片,点击"插入"选项卡,选择"图片"选项,打开"插入图片"对话框,选择准备好的照片,点击"确定"按钮。调整图片的大小和位置,与 Word 中的图片操作相同,如图 5-10 所示。

图 5-10　插入图片

(2)插入文本框对照片进行说明。点击"插入"选项卡,选择"文本框"选项,选择"横排文本框"选项,此时鼠标变成"细十字"线状,按住左键在"工作区"中拖动,即可插入一个文本框,输入文本"我的照片"。样式如图 5-11 所示。

(3)调整大小:将鼠标移至文本框的四角或四边"控制点"处,成双向拖拉箭头时,按住左键拖拉,即可调整文本框的大小。

(4)旋转文本框:选中文本框,然后将鼠标移至上端控制点,此时控制点周围出现一个圆弧状箭头，按住左键挪动鼠标，即可对文本框进行旋转操作。

我的基本情况

➢ 姓名：张兰婷
➢ 毕业院校：安徽大学
➢ 出生日期：1995年5月6日

我的照片

图 5-11　插入文本框

按照上述方法，分别制作第三张和第四张幻灯片，样式如图 5-12、图 5-13 所示。

图 5-12　我的爱好

我喜欢的动物

✓ 小狗
✓ 小猫

图 5-13　我喜欢的动物

在制作图 5-12 所示的幻灯片时，对"学习小提琴的好处"可以采用插入竖排文本框来完成。

单击 PowerPoint 2010 窗口底部状态栏的幻灯片浏览图标 ，对整个幻灯片进行浏览，如图 5-14 所示。

图 5-14 制作完成的演示文稿

3. 将"我的爱好"幻灯片进行复制，再最后粘贴，通过修改完成"我喜欢的食物"幻灯片的制作。

操作步骤：

(1) 复制幻灯片。单击 PowerPoint 2010 窗口底部状态栏的普通视图图标 ，将当前视图切换到普通视图模式，选中需要复制的一张或多张幻灯片（按 Ctrl 或 Shift 键可以实现多选）。在这里选中第三张"我的爱好"幻灯片，右击鼠标，在弹出的快捷菜单中选择"复制"菜单项，如图 5-15 所示。

图 5-15 复制幻灯片

(2)在图 5-15 所示的"普通视图"列表中在第四张幻灯片后右击鼠标,在弹出的快捷菜单中选择"粘贴"菜单项,完成幻灯片的复制,如图 5-16 所示。

图 5-16　粘贴幻灯片

(3)对图 5-16 所示的第五张幻灯片进行修改,标题为"我喜欢的食物",样式如图 5-17 所示。

图 5-17　"我喜欢的食物"幻灯片

4.将"我喜欢的动物"幻灯片移动到最后,并将该幻灯片隐藏。

操作步骤:

(1)移动幻灯片。选中"我喜欢的动物"幻灯片,按住鼠标左键拖动鼠标,将幻灯片拖至目的地即可,在这里将该幻灯片移动至最后,如图5-18所示。

图 5-18 移动幻灯片

(2)隐藏部分幻灯片。首先单击"我喜欢的动物"幻灯片,然后单击"幻灯片放映"选项卡,接着单击"隐藏幻灯片"项,也可以切换到"幻灯片浏览"视图状态下。选中"我喜欢的动物"幻灯片,右击鼠标,在弹出的快捷菜单中,选择"隐藏幻灯片"菜单项,该幻灯片序号处出现一个斜杠,播放时,该幻灯片不能显示出来,如图5-19所示。

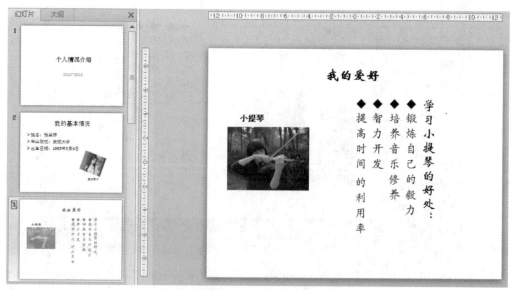

图 5-19 隐藏幻灯片

5. 将整个幻灯片的背景主题样式设置为"波形",并对背景样式进行修改。

操作步骤:

(1)设置背景颜色。选中第一张标题幻灯片,单击"设计"选项卡,如图 5-20 所示,选择某种主题样式,如图 5-21 所示,在这里选择"波形",效果如图 5-22 所示。

图 5-20　主题样式

图 5-21　主题选项

图 5-22　应用波形主题

（2）单击"颜色"下拉组合框，可以设置当前幻灯片的颜色，如图 5-23 所示。单击"背景样式"下拉组合框，可以为幻灯片选择某种背景样式，如图 5-24 所示，在这里选择"样式 9"，效果如图 5-25 所示。

图 5-23　颜　色

图 5-24　背景样式

图 5-25　背景样式

进一步提高

演示文稿的制作,一般要经历下面几个步骤:

(1)准备素材:主要是准备演示文稿中所需要的一些图片、声音、动画等文件。

(2)确定方案:对演示文稿的整个构架进行设计。

(3)初步制作:将文本、图片等对象输入或插入到相应的幻灯片中。

(4)装饰处理:设置幻灯片中的相关对象的要素(包括字体、大小、动画等),对幻灯片进行装饰处理。

(5)预演播放:设置播放过程中的一些要素,然后播放查看效果,满意后正式输出播放。

实验2 幻灯片的动画设置、放映

实验目的

1. 掌握幻灯片的动画方案设计。
2. 掌握幻灯片的切片设置。
3. 掌握幻灯片的放映设置技巧。
4. 掌握幻灯片放映时常用的快捷键。

实验任务

1. 学习幻灯片的动画设计方法。
2. 学习幻灯片的放映设置技巧。
3. 认识幻灯片在放映时的切片技巧。
4. 学习幻灯片播放时间的控制。

实验内容与步骤

1. 对"我喜欢的动物"幻灯片中的小狗、小猫图片设置"飞入"动画效果,并设置"飞入"时播放音乐;显示完成后,设置"小狗"图片退出效果为"飞出"。对"我喜欢的食物"幻灯片中的"豆浆"图片设置自定义动画路径。

操作步骤:

(1)进入动画设置。选中第五张幻灯片中的"小狗"图片,单击"动画"选项卡,如图5-26所示,选择"淡出"动画效果,如果要选择其他的动画效果,可以单击"添加动画"按钮。

按上述方法,选中"小猫"图片,设置进入效果为:"飞入"。

图 5-26 自定义动画设置

设置好两幅图片的动画效果后,单击" 动画窗格 "按钮,弹出如图 5-27 所示的动画窗格界面,在图示中可以对某个动画效果的"开始"方式、出现的"方向"和动画"速度"进行修改。

图 5-27 动画窗格

选择第一个动画 1 dog，单击右端的" "，弹出下拉菜单，如图 5-28 所示，选择"效果选项"，弹出如图 5-29 所示的对话框，对其效果进行设置。单击 播放 按钮，观看放映效果。

图 5-28　效果选项　　　　　　图 5-29　效果对话框

（2）退出动画的设置。如果希望某个对象在放映幻灯片过程中显示后再消失，就可以在图 5-26 中选择"退出动画"效果来实现，如图 5-30 所示。

选中"小狗"图片，在图 5-30 所示的"添加退出效果"对话框中选择"飞出"效果，仿照图 5-28 所示"效果选项"的设置操作，为对象设置退出动画效果，设置完成后，单击 播放 按钮，预览放映效果。

图 5-30　"退出"效果设置

说明　如果对设置的动画方案不满意，可以在任务窗格中选中不满意的动画方案，然后单击 删除 按钮即可。

（3）选中第四张幻灯片中的"豆浆"图片，在图 5-31 所示的界面中单击"动作路径"项，选择"自定义路径",此时,鼠标变成细十字线状,根据需要,在工作区中描绘,在需要变换方向的地方,单击鼠标。全部路径描绘完成后,双击鼠标结束绘制。单击 ▶ 播放 按钮,预览放映效果。

图 5-31 路径动画设置

2. 设置幻灯片切换方式为"擦除",设置幻灯片的播放方式和排练计时设置方法。

操作步骤:

(1)选中一张或多张幻灯片,单击"切换"选项卡,如图 5-32 所示,选择"擦除"项,同时还可以修改幻灯片的切换持续时间、声音等。

图 5-32 幻灯片切换

如果需要将所选中的切换样式用于所有的幻灯片,选择某种效果后,单击"全部应用"按钮。

(2)自动播放文稿。演示文稿的放映,大多数情况下是由演示者手动操作控制播放的,如果要让其自动播放,需要进行排练计时。

打开相应的演示文稿,单击"幻灯片放映"选项卡,如图 5-33 所示,单击"排练计时",进入"排练计时"状态。此时,单张幻灯片放映所耗用的时间和文稿放映所耗用的总时间显示在"预演"对话框中,如图 5-34 所示。

图 5-33　幻灯片放映

图 5-34　录制对话框

播放结束后,系统会弹出一个提示是否保存计时结果的对话框,如图 5-35 所示,单击其中的"是"按钮,保存预演排练时间。

图 5-35　保存排练时间

保存排练时间后,演示文稿自动切换到"幻灯片浏览视图"模式,如图 5-36 所示,每张幻灯片左下方显示该幻灯片在播放时显示的时间。按 F5 键观看放映效果。

图 5-36　演示文稿排练时间

(3)循环放映文稿。进行了排练计时操作后,单击"设置幻灯片放映"项,弹出如图 5-37 所示的对话框,选中"循环放映,按 ESC 键中止"复选框和"如果存在排练时间,则使用它"单选按钮两个选项,确定退出。

图 5-37　设置放映方式

3.在放映过程中,设置鼠标样式及快捷键的使用。

操作步骤:

(1)放映时指出文稿重点。在放映过程中,可以在文稿中画出相应的重点内容,右击鼠标,在弹出的快捷菜单中,单击"指针选项"菜单项,选择合适的笔形,如图 5-38 所示,这样就可以在屏幕上随意绘画。

图 5-38　指针选择

(2)放映时可以使用的快捷键。在文稿放映过程中:按"B"或"."使屏幕暂时变黑(再按一次恢复);按"W"或","使屏幕暂时变白(再按一次恢复);按"E"清除屏幕上的画笔痕迹;按"Ctrl+P"快捷键切换到"画笔"(按 ESC 键取消);按"Ctrl+H"快捷键隐藏屏幕上的指针和按钮;同时按住左、右键 2 秒钟,快速回到第 1 张幻灯片上。

在文稿放映过程中,按 F1 功能键,上述快捷键即刻显示在屏幕上,如图 5-39 所示。

图 5-39　放映时的快捷键

进一步提高

制作好演示文稿后,为了保证能在没有安装 PowerPoint 2010 的电脑上播放,可以将演示文稿打包,然后拷贝到没有安装 PowerPoint 2010 的电脑上播放,步骤如下:

(1)启动 PowerPoint 2010,打开相应的演示文稿。

(2)如图 5-40 所示,单击"文件"选项卡,单击"保存并发送"项,选择"将演示文稿打包成 CD"项,单击右侧的"打包成 CD"按钮,弹出如图 5-41 所示的窗口。

图 5-40　演示文稿打包选项

图 5-41 "打包成 CD"对话框

(3)单击"打包成 CD"对话框中的"选项"按钮,可以打开"选项"对话框,如图 5-42 所示,在该对话框中,也可以设置"打开文件密码"和"修改文件密码"。

(4)在图 5-41 所示的"打包成 CD"对话框中,单击"复制到文件夹…"按钮,弹出如图 5-43 所示的"复制到文件夹"对话框,在"文件夹名称"文本框中输入"我的介绍",单击"浏览"按钮,选择保存位置"C:\wer",单击"确定"按钮完成打包。

图 5-42 "选项"对话框　　　　图 5-43 "复制到文件夹"对话框

(5)打包完成后,打开资源管理器,如图 5-44 所示,可以在文件窗口看到 AUTORUN.INF 自动运行文件,如果是打包到 CD 光盘上,它使具备自动播放功能。

图 5-44 打包完成后的文件

说明　以后只要将演示文稿拷贝到上述文件夹中,然后将该文件夹拷贝至其他电脑上,启动 PPVIEW32.EXE 程序,即可播放后来拷贝而来的演示文稿,免去了"打包"和安装播放器的过程。

习题 5

一、单项选择题

1. PowerPoint 2010 是_____家族中的一员。
   A. Linux   B. Windows   C. Office   D. Word
2. PowerPoint 2010 中新建文件的默认名称是_____。
   A. DOC1   B. SHEET1   C. 演示文稿 1   D. BOOK1
3. PowerPoint 2010 的主要功能是_____。
   A. 电子演示文稿处理   B. 声音处理
   C. 图像处理   D. 文字处理
4. 扩展名为_____的文件,在没有安装 PowerPoint 2010 的系统中可直接放映。
   A. .pop   B. .ppz   C. .pps   D. .ppt
5. 在 PowerPoint 2010 中,添加新幻灯片的快捷键是_____。
   A. Ctrl+M   B. Ctrl+N   C. Ctrl+O   D. Ctrl+P
6. 下列视图中不属于 PowerPoint 2010 视图的是_____。
   A. 幻灯片视图   B. 页面视图   C. 大纲视图   D. 备注页视图
7. PowerPoint 2010 制作的演示文稿文件扩展名是_____。
   A. .pptx   B. .xls   C. .fpt   D. .doc
8. _____视图是进入 PowerPoint 2010 后的默认视图。
   A. 幻灯片浏览   B. 大纲   C. 幻灯片   D. 普通
9. PowerPoint 2010,若要在"幻灯片浏览"视图中选择多个幻灯片,应先按住_____键。
   A. Alt   B. Ctrl   C. F4   D. Shift+F5
10. 在 PowerPoint 2010 中,要同时选择第 1、2、5 三张幻灯片,应该在_____视图下操作。
    A. 普通   B. 大纲   C. 幻灯片浏览   D. 备注
11. 在 PowerPoint 2010 中,"文件"选项卡可创建_____。
    A. 新文件,打开文件   B. 图标
    C. 页眉或页脚   D. 动画
12. 在 PowerPoint 2010 中,"插入"选项卡可以创建_____。
    A. 新文件,打开文件   B. 表、形状与图标
    C. 文本左对齐   D. 动画
13. 在 PowerPoint 2010 中,"设计"选项卡可自定义演示文稿的_____。
    A. 新文件,打开文件   B. 表、形状与图标
    C. 背景、主题设计和颜色   D. 动画设计与页面设计
14. 在 PowerPoint 2010 中,"动画"选项卡可以对幻灯片上的_____进行设置。
    A. 对象应用,更改与删除动画   B. 表、形状与图标
    C. 背景、主题设计和颜色   D. 动画设计与页面设计

15. 在 PowerPoint 2010 中,"视图"选项卡可以查看幻灯片_____。
    A. 母版、备注母版和幻灯片浏览　　　B. 页号
    C. 顺序　　　　　　　　　　　　　　D. 编号
16. PowerPoint 2010 演示文稿的扩展名是_____。
    A. .ppt　　　　B. .pptx　　　　C. .xslx　　　　D. .docx
17. 幻灯片页面设置、主题选择可以在_____选项卡中操作。
    A. 开始　　　　B. 插入　　　　C. 视图　　　　D. 设计
18. 对幻灯片母版进行设计和修改,应在_____选项卡中操作。
    A. 设计　　　　B. 审阅　　　　C. 插入　　　　D. 视图
19. 从当前幻灯片开始放映幻灯片的快捷键是_____。
    A. Shift ＋ F5　　B. Shift ＋ F4　　C. Shift ＋ F3　　D. Shift ＋ F2
20. 从第一张幻灯片开始放映幻灯片的快捷键是_____。
    A. F2　　　　　B. F3　　　　　C. F4　　　　　D. F5

单元 6 Internet 应用

实验 1 IE 浏览器的使用

实验目的

1. 掌握 IE 浏览器的基本设置方法。
2. 掌握网页浏览的基本操作。
3. 掌握网上信息的搜索。
4. 了解 IE 浏览器的高级设置。

实验任务

1. IE 浏览器的使用方法。
2. 配置 IE 浏览器。

实验内容与步骤

1. 在 IE 浏览器中输入网易的域名 www.163.com，并将网易设置为首页，删除访问的历史记录，设置临时文件夹大小为：200M，将临时文件夹设置为 d:\Internet 临时文件夹。

操作步骤：

(1) 访问网易，双击桌面上的 IE 浏览器图标 ，打开 IE 浏览器，如图 6-1 所示，在地址栏中输入网址：www.163.com，按回车键，打开网易的主页，如图 6-2 所示。

图 6-1 IE 浏览器界面

利用超链接功能在网上漫游：将鼠标指向具有超链接功能的内容，当鼠标指针变为手形时，单击鼠标左键，进入该链接所指向的网页。

图 6-2　访问网易网站

说明　在已经浏览过的网址之间跳转：最常用的方法是单击工具栏中的"后退"按钮 和"前进"按钮 。

（2）将网易设置为 IE 浏览器主页，打开 www.163.com 页面，单击"工具"菜单，选择"Internet 选项"菜单项，弹出"Internet 选项"对话框，如图 6-3 所示。

图 6-3　"Internet 选项"对话框

（3）在"常规"选项卡页面单击 使用当前页(C) 按钮，即可将当前 www.163.com 设置为主页，如图 6-4 所示。

图 6-4　设置网易为主页

说明　也可以直接在图 6-3 所示的文本框中直接输入网址，单击 使用默认值(F) 按钮，可以将微软的首页面作为主页。

（4）对访问的历史记录进行相关操作。删除历史记录：在图 6-4 所示的窗口中，单击"浏览历史记录"标签下面的"删除"按钮，弹出如图 6-5 所示的"删除浏览的历史记录"对话框，选中要删除的内容前面的复选框后，单击"删除"按钮。

图 6-5　"删除浏览的历史记录"对话框

(5)在图 6-4 所示的窗口中,设置 Internet 临时文件夹及大小。单击"浏览历史记录"标签下面的"设置"按钮,弹出如图 6-6 所示的"Internet 临时文件和历史记录设置"对话框。

图 6-6　Internet 临时文件和历史记录设置

在"Internet 临时文件"分组框中,在"要使用的磁盘空间"标签对应的文本框中输入保存临时文件的磁盘空间大小:200M。

(6)修改 Internet 临时文件夹:单击"移动文件夹"按钮,弹出如图 6-7 所示的"浏览文件夹"对话框,选择 E:盘上已经创建好的文件夹"Internet 临时文件夹",单击"确定"按钮,这样以后浏览的网页信息都会保存到"E:\Internet 临时文件夹"路径下面。

图 6-7　"浏览文件夹"对话框

2.将网易的主页面信息保存到"D:\网易"文件夹中。

(1)保存网易页面信息。打开网易首页,如图 6-2 所示,单击"文件"菜单,选择"另存为"菜单项,弹出如图 6-8 所示"保存网页"对话框,保存路径"D:\网易",单击"保存"按钮,将当前页面信息保存在本地机中。

图 6-8 "保存页面"对话框

(2)打开资源管理器,打开保存页面的文件夹,如图 6-9 所示,在脱机状态下,双击"网易.mht"文件即可打开保存的网易页面。

图 6-9 浏览保存的页面文件

说明 如果要保存页面中的图片,可以右击页面中的图片,在弹出的快捷菜单中,选择"图片另存为"菜单项,在"保存图片"对话框中,选择保存的路径,输入文件名,单击"保存"按钮。

3.使用百度搜索"计算机组成"信息。

操作步骤：

(1)在 IE 地址栏中输入：www.baidu.com，如图 6-10 所示，输入"计算机组成"，按回车键(或单击"百度一下"按钮)，百度会搜索相关的信息，搜索结果如图 6-11 所示。

图 6-10　百度搜索

图 6-11　百度搜索结果

(2)单击某个超级链接,打开相关的页面,浏览关于"计算机组成"的信息。

4.打开图 6-11 中"计算机组成 百度百科"页面,并将该页面添加到收藏夹中的"我喜欢的网址"文件夹中。

操作步骤:

(1)打开图 6-11 中的"计算机组成 百度百科"页面,单击 IE 浏览器中的"收藏夹"菜单,选择"添加到收藏夹"菜单项,弹出如图 6-12 所示窗口,在窗口中为网页输入一个容易记忆的名称(也可以不输入)。

图 6-12 "添加收藏"对话框

(2)单击"新建文件夹"按钮,弹出如图 6-13 所示的对话框,输入"我喜欢的网址",单击"创建"按钮,返回到图 6-12 所示窗口,此时"添加收藏"对话框变为如图 6-14 所示。

图 6-13 "创建文件夹"对话框

图 6-14 "添加收藏"对话框

(3)单击"添加",将网址添加到 IE 收藏夹中的"我喜欢的网址"文件夹中。

(4)按上述方法将 www.baidu.com、www.sohu.com 和 www.ifeng.com 添加到收藏夹的"我喜欢的网址"中,如图 6-15 所示。

说明 同时按下键盘上的"Ctrl+D"快捷键,也会出现"添加到收藏夹"的窗口,使用这种方法来得更快捷。或者在当前网页的空白处点击鼠标右键,然后在弹出的菜单中选择"添加到收藏夹",然后再按上述方法进行操作。

图 6-15 添加到收藏夹

进一步提高

1. IE 浏览器高级设置

Internet 提供了访问各类信息的广阔天地，但是并不是所有信息都适合每一位浏览者，对于宣传暴力、色情内容以及恶意传播病毒的 Web 站点必须限制登录。下面以限制 www.hao123.com 站点为例讲解操作步骤。

（1）单击"工具"菜单，选择"Internet 选项"菜单项，打开"Internet 选项"对话框，选择"内容"选项卡，如图 6-16 所示。

图 6-16 IE 安全设置

(2)单击"内容分级"分组框中的"启用"按钮,打开"内容审查程序"对话框,在"允许访问网站"文本框中,输入"＊.hao123.com",单击"从不"按钮,将"＊.hao123.com"加入到列表,如图6-17所示,单击"确定"按钮关闭窗口。

图 6-17 受限站点对话框

(3)在弹出的"创建监护人密码"对话框中,输入密码(一定要记牢所输入的密码),在"提示"文本框中输入"请输入密码",单击"确定"按钮关闭窗口,如图6-18所示。

图 6-18 "创建监护人密码"对话框

(4)打开 IE 浏览器,输入网址 www.hao123.com,按回车键,会弹出如图 6-19 所示的对话框,用户输入正确密码,则可以访问该网站。

图 6-19 网站访问限制

实验 2 收发电子邮件

实验目的

1. 掌握邮件的收发方法。
2. 掌握邮箱的申请。
3. 掌握邮件附件的添加方法。

实验任务

1. 邮箱的申请。
2. 向指定的邮箱发送邮件。
3. 邮件中附件的添加。

实验内容与步骤

1. 登录网易,申请一个邮箱账号,然后通过该账号发送邮件。

操作步骤:

(1)打开 IE 浏览器,在地址栏中输入网易的网址:www.163.com,打开网易首页,如图 6-20 所示。单击页面顶端的"注册免费邮箱",打开如图 6-21 所示的注册免费邮箱界面。选择"注册字母邮箱"或"注册手机号码邮箱",在这里选择"注册字母邮箱",在"邮件地址"对应的文本框中输入要申请的邮件地址名称:"wxf1103",如果该地址被占用,系统会提醒用户更改邮件地址。填写完其他信息后,单击"立即注册"。

图 6-20　网易首页

图 6-21 注册免费邮箱

(2)登录邮箱,打开网易首页面,如图 6-22 所示,单击"登录",输入本人的邮箱地址:wxf1103@163.com 和密码登录,登录成功弹出如图 6-23 所示的邮箱界面。

图 6-22 登录邮箱

单元6　Internet应用

图 6-23　邮箱界面

(3)接收电子邮件,单击图 6-23 中的"收信"选修卡,单击"收件箱",在窗口右侧会显示当前的邮件信息,单击某邮件的标题,可以打开该邮件。

(4)发送邮件,单击图 6-23 中的"写信"选修卡,弹出如图 6-24 所示的发送邮件界面,在收件人对应的文本框中,输入接收人的邮件地址(可以是本人),如果要给多人发送邮件,可以点击"＋"号。

图 6-24　发送邮件

(5)单击"添加附件",在如图 6-25 所示的界面中选择要添加的文件。

图 6-25　添加附件

(6)添加完成附件后,单击"发送"按钮,完成邮件的发送,如图 6-26 所示。

图 6-26　添加附件后的界面

习题 6

一、单项选择题

1. 在域名 www.ahedu.gov.cn 中，代表国家区域名的是_____。
   A. www　　　　　B. edu　　　　　C. gov　　　　　D. cn
2. 在互联网中，域名和 IP 地址的转换是通过_____服务器自动进行的。
   A. DNS　　　　　B. Server　　　　C. WEB　　　　　D. FTP
3. _____是一种专门用于定位和访问网页信息，获取用户希望得到的资源的导航工具。
   A. 搜索引擎　　　B. IE　　　　　　C. QQ　　　　　　D. MSN
4. Home Page(主页)的含义是_____。
   A. 比较重要的 Web 页面　　　　　B. 传送电子邮件的界面
   C. 网站的第一个页面　　　　　　D. 下载文件的网页
5. 浏览用户最近刚刚访问过的若干 Web 站点及其他 Internet 文件的列表叫做_____。
   A. 其他三个都不对　B. 地址簿　　　C. 历史记录　　　D. 收藏夹
6. 用户在浏览网页时，有些是以醒目方式显示的单词、短语或图形，可以通过单击它们跳转到目的网页，这种文本组织方式叫做_____。
   A. 超文本方式　　B. 超链接　　　　C. 文本传输　　　D. HTML
7. 将远程服务器上的文件传输到本地计算机称作_____。
   A. 上传　　　　　B. 下载　　　　　C. 卸载　　　　　D. 超载
8. 在 Internet Explorer 浏览器中，"收藏夹"收藏的是该_____。
   A. 网站的地址　　B. 网站的内容　　C. 网页地址　　　D. 网页内容
9. WWW 通过超文本传输协议(HTTP)向用户提供多媒体信息，所提供信息的基本单位是_____。
   A. 网页　　　　　B. 超链接　　　　C. 统一资源定位符　D. 网站
10. 指出以下统一资源定位器各部分的名称(从左到右)：_____。
    http://home.netscape.com/main/indel.html
    　　　　　　　　1　　　　2　　　　　3　　　4
    A. 1. 主机域名　2. 服务标志　3. 目录名　4. 文件名
    B. 1. 服务标志　2. 目录名　　3. 主机域名　4. 文件名
    C. 1. 服务标志　2. 主机域名　3. 目录名　4. 文件名
    D. 1. 目录名　　2. 主机域名　3. 服务标志　4. 文件名
11. 常用的电子邮件协议 POP3 是指_____。
    A. TCP/IP 协议　　　　　　　　　B. 中国邮政的服务产品
    C. 通过访问 ISP 发送邮件　　　　D. 通过访问 ISP 接收邮件
12. 合法的电子邮件地址是_____。
    A. 用户名♯主机域名　　　　　　　B. 用户名＋主机域名
    C. 用户名@主机域名　　　　　　　D. 用户地址@主机名

13. 当一封电子邮件发出后,收件人由于种种原因一直没有开机接收邮件,那么该邮件将_____。
    A. 退回   B. 重新发送
    C. 丢失   D. 保存在 ISP 的 E-mail 服务器上

14. 以下关于电子邮件的接收,错误的是_____。
    A. 接收的邮件可以直接回复
    B. 接收邮件可以不接收附件
    C. 接收邮件可以通过客户端方式(如 Outlook)和 WEB 方式
    D. 接收的邮件不能删除

15. 某同学以 myname 为用户名在新浪网(http://www.sina.com.cn)注册的邮箱地址应该是_____。
    A. myname@sina.Com   B. myname.sina.com
    C. myname.sina@com   D. sina.com@myname

16. 使用 WEB 方式(直接在网站上)收发电子邮件时,以下描述错误的是_____。
    A. 不用设置 SMTP 服务域名   B. 不用设置 POP3 服务域名
    C. 不用输入账号和密码登录   D. 可以在附件中插入图片文件

17. 在撰写邮件时,在收件人对话框的"收件人"栏中_____。
    A. 只能输入一个人的收件地址
    B. 能输入多个人的收件地址
    C. 既可以输入一个人的收件地址,又可以输入多个人的收件地址
    D. 只能输入收件人的姓名

18. 关于发送电子邮件,下列说法中正确的是_____。
    A. 你必须先接入 Internet,别人才可以给你发送电子邮件
    B. 你只有打开了自己的计算机,别人才可以给你发送电子邮件
    C. 只要有 E-Mail 地址,别人就可以给你发送电子邮件
    D. 别人只要接入了 Internet,就可以给你发送电子邮件

19. 在发送电子邮件时,在邮件中_____。
    A. 只能插入一个图形附件   B. 只能插入一个声音附件
    C. 只能插入一个文本附件   D. 可以根据需要插入多个附件

20. 下图是某电子邮箱收件箱中的内容,图中带附件的邮件数为:_____。

    A. 1   B. 2   C. 3   D. 4

21. 下图是某用户的电子邮箱管理窗口,从图中可以看出_____。

A. 该用户收件箱内共有 4 封邮件

B. 该用户的电子邮箱地址为 hktest_ok@126.com

C. 该用户收件箱共有 4 个附件

D. 该用户当前查看的是草稿箱

22. 某用户要发送一封电子邮件,操作界面如下图所示,这封邮件中已添加的附件个数为_____个。

A. 1　　　　　　B. 2　　　　　　C. 3　　　　　　D. 4

二、多项选择题

1. 在下列网络设备中,用于局域网连接的设备有_____。

A. Modem　　　B. 网卡　　　C. Hub　　　D. 交换机

2. FrontPage 中,可以在_____对象上设置超链接。

A. 文本　　　B. 按钮　　　C. 图片　　　D. 声音

3. 一台主机的 IP 地址包含两个部分,它们是_____。

A. 网络号　　　B. 域名　　　C. 主机号　　　D. 地区

4. 下列关于计算机病毒的说法中,错误的是_____。

A. 计算机病毒的发作一定会导致计算机物理硬件的永久损坏

B. 计算机病毒是一种生物病毒

C. 计算机病毒是一种有逻辑错误的程序

D. 计算机病毒是能通过自我复制进行传染,破坏计算机正常使用的程序

5. 在下列关于特洛伊木马病毒的叙述中,正确的有_____。

A. 木马病毒能够盗取用户信息

B. 木马病毒伪装成合法软件进行传播

C. 木马病毒运行时会在任务栏产生一个图标

D. 木马病毒不会自动运行

6. 计算机网络中常用的有线传输媒体有_____。
   A. 双绞线　　　　　B. 同轴电缆　　　　C. 光纤　　　　　　D. 红外线
7. 在下列关于计算机网络协议的叙述中,错误的有_____。
   A. 计算机网络协议是各网络用户之间签订的法律文书
   B. 计算机网络协议是上网人员的道德规范
   C. 计算机网络协议是计算机信息传输的标准
   D. 计算机网络协议是实现网络连接的软件总称
8. 下列关于防火墙的叙述中,正确的有_____。
   A. 防火墙是硬件设备　　　　　　　　B. 防火墙将企业内部网与其他网络隔开
   C. 防火墙禁止非法数据进入　　　　　D. 防火墙增强了网络系统的安全性
9. 电子邮件服务器需要的两个协议是_____。
   A. POP3 协议　　　B. SMTP 协议　　　C. FTP 协议　　　D. MAIL 协议
10. 计算机病毒可以通过_____传播。
    A. U 盘　　　　　　B. 计算机网络　　　C. 手机　　　　　　D. 身体接触
11. 下列叙述中正确的是_____。
    A. Internet 上的域名由域名系统 DNS 统一管理
    B. WWW 上的每一个网页都可以加入收藏夹
    C. 每个 E-mail 地址在 Internet 中都是唯一的
    D. 每个 E-mail 地址中的用户名在该邮件服务器中都是唯一的
12. 下列关于 E-mail 的叙述,正确的是_____。
    A. 一个 E-mail 可以同时发给多个收件人
    B. E-mail 可以定义为密件发送
    C. E-mail 只能发送文本文件
    D. 不论收件人是否开机,E-mail 都会送入其电子邮箱
13. 在下列关于因特网域名内容的叙述中,错误的有_____。
    A. CN 代表中国,COM 代表商业机构　　B. CN 代表中国,EDU 代表科研机构
    C. UK 代表中国,GOV 代表政府机构　　D. UK 代表中国,AC 代表教育机构
14. 在 Internet 中,(统一资源定位器)URL 组成部分包括_____。
    A. 协议　　　　　　B. 路径及文件名　　C. 网络名　　　　　D. IP 地址或域名
15. 网络的拓扑结构包括_____。
    A. 总线结构　　　　B. 环型结构　　　　C. 星型结构　　　　D. 目录结构